彩图 1-1-1　精神委顿，羽毛松乱，
垂头缩颈

彩图 1-1-2　病后期出现头
颈扭转的神经症状

彩图 1-1-3　腺胃乳头出血、
肿胀，肌胃角质层下出血

彩图 1-1-4　小肠黏膜出血

彩图 1-1-5　慢性型病死鸡肠道
淋巴滤泡出现坏死、溃疡

彩图 1-2-1　病鸡精神高度沉郁、昏睡

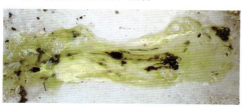

彩图 1-2-2　黄白色稀水样便
内含有成块的墨绿色物

彩图 1-2-3　部分病鸡出现
结膜炎，有流泪现象

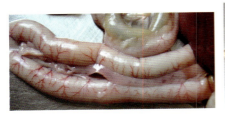

张元瑞 摄

彩图 1-2-4　胰脏有褐色斑点样
出血、变性及坏死

彩图 1-2-5　肠道黏膜呈现点片状
出血，盲肠淋巴滤泡肿胀出血

彩图 1-2-6　喉头及气管出血

彩图 1-2-7　产蛋期病死鸡可
见卵黄性腹膜炎

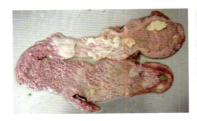

彩图 1-2-8　输卵管内可
出现炎性渗出物

彩图 1-3-1　排出含大量
尿酸盐的水样白色稀粪

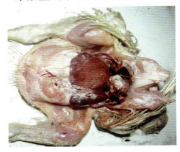

彩图 1-3-2　尿酸盐沉积于肾脏，其
外观呈现斑驳白色网线状，俗称花斑肾

彩图 1-3-3　白色尿酸盐沉积于
内脏表面出现内脏型痛风

彩图 1-5-1　肠系膜上出现
大量粟粒状肿瘤

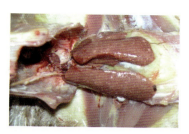

彩图 1-5-2　肝脏上出现白色
有光泽的粟粒状肿瘤

彩图 1-5-3　肝脏发生弥散性
肿瘤，俗称大肝病

彩图 1-7-1　呼吸困难，表现
伸颈张口吸气

彩图 1-7-2　气管和喉部黏膜充血、
糜烂，有纤维蛋白渗出物

彩图 1-7-3　气管内有含血的
黏液或血凝块

彩图 1-8-1　大腿内外侧常见
条纹状或斑块状出血

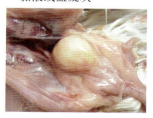

彩图 1-8-2　法氏囊肿大且呈土
黄色，并包裹胶冻样透明渗出物

彩图 1-8-3　肾脏肿大、苍白，肾
小管内有白色尿酸盐沉积

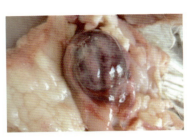

彩图 1-8-4　法氏囊肿大、出血，
呈紫葡萄样

彩图 1-9-1　皮肤无毛处出现痘
疹，经数日结成棕黑色痘痂

彩图 1-9-2　咽喉及气管黏膜上
出现灰白色或灰黄色痘疹

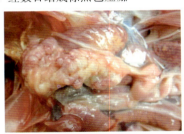

彩图 1-10-1　卵巢出现肿瘤

彩图 1-10-2　脾脏出现肿瘤
且明显肿大

彩图 1-10-3　肝脏出现肿瘤且明显肿大

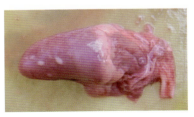

彩图 1-10-4　心肌上出现肿瘤结节

彩图 1-10-5　腺胃出现肿瘤
且明显肿胀

彩图 1-11-1　因贫血而使鸡
的皮肤呈土黄色

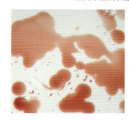

彩图 1-11-2　血液稀薄
如水，凝血时间延长

彩图 1-11-3　大腿骨的骨髓呈脂肪色、
浅黄色或粉红色

彩图 1-11-4　胸腺萎缩、出血是
最常见的病变

彩图 1-11-5　皮下与肌肉出血

彩图 1-12-1　跗关节肿大，瘸腿，跛行

彩图 1-12-2　跗关节肿胀

彩图 1-12-3　关节腔内含有浅黄色
或血样渗出物

彩图 2-1-2　肝脏肿大，可见到
散在的浅黄色坏死灶

彩图 2-1-1　精神萎靡不振，蹲伏不动

彩图 2-1-4　严重的心包炎

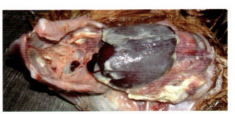

彩图 2-1-3　成年鸡还可出现
卵黄性腹膜炎

彩图 2-1-5　严重的肝被膜炎

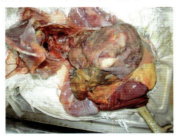

彩图 2-1-6　常可见到输卵管炎

彩图 2-1-7　小肠、盲肠和肠系膜
可见到肉芽肿结节

彩图 2-2-1　肝脏肿大，
呈绿褐色或青铜色

彩图 2-2-2　肝脏有粟粒状
灰白色病灶

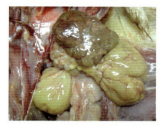

彩图 2-2-3　卵泡变形，
颜色发暗

彩图 2-3-1　排白色水样便

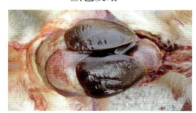

彩图 2-3-2　肝脏呈青铜色，
并有灰色坏死灶

彩图 2-3-3　肝脏显著肿大，
有时可见坏死灶

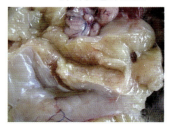

彩图 2-4-1　腹部脂肪常见
大量点状出血

彩图 2-4-2　肝脏稍肿、质脆，
多呈棕色或黄棕色

彩图 2-4-3　卵巢明显充
血、出血

彩图 2-5-1　肝脏略肿，
并且有坏死点

彩图 2-5-2　脾脏肿大、出血

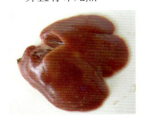

彩图 2-5-3　肝脏肿大，
有黄白色坏死点

彩图 2-5-4　卵泡萎缩、
变形，呈凝固状

肖建光　摄

彩图 2-6-1　肠壁扩张、脆弱易断，
内有黑褐色肠容物

彩图 2-6-2　肠黏膜上附着
疏松或致密的黄色伪膜

彩图 2-6-3　肝脏充血肿大，
有不规则的坏死灶

彩图 2-7-1　皮下血样渗出、水肿，
呈紫色或紫褐色外观

彩图 2-7-2　病程稍长的病例的
肝脏上还可见脓性白色坏死点

彩图 2-7-3　病程较长的病例，眼球
下陷，最后可见失明

彩图 2-8-1　部分病鸡
可见结膜炎

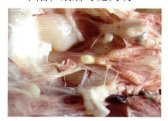

彩图 2-8-2　气管和支气管发生
卡他性炎症，渗出液增多

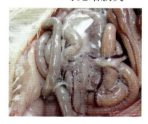

彩图 2-8-3　发病初期，气
囊上出现泡沫状液体

彩图 2-8-4　发病中期，气囊上
有白色干酪样物

彩图 2-8-5　发病后期，气囊壁增厚，
不透明，囊内常有黄色干酪样分泌物

彩图 2-8-6　严重病例或继发感染病例可
见纤维素性肝周炎、心包炎及腹膜炎

彩图 2-9-1　眶下窦肿胀，
鼻腔流稀薄清液

彩图 2-9-2　精神沉郁，眼睑
肿胀，面部浮肿

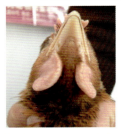

彩图 2-9-3　公鸡肉髯
常见肿大增厚

彩图 2-9-4　鼻腔和眶下窦黏膜肿胀，
并有大量黏液及干酪样坏死物

彩图 2-9-5　肉髯皮下水肿
甚至坏死

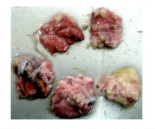

彩图 2-10-1　肺脏可见散在的
黄白色或灰白色粟粒状结节

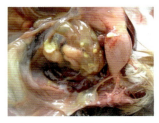

彩图 2-10-2　气囊壁上可见大小
不等的干酪样结节或斑块

彩图 2-11-1　嗉囊增大，其黏膜表面有乳白色干酪样伪膜，易刮落

彩图 3-1-1　肠内有西红柿样黏性内容物

彩图 3-1-2　急性盲肠球虫病可见盲肠明显出血

彩图 3-1-3　小肠肿大、出血，通过浆膜能看到红色出血点

彩图 3-2-1　肝脏肿大、瘀血、出血

彩图 3-2-2　脾脏肿大并有白色斑点

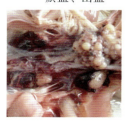

彩图 3-2-3　肾脏周围常可见到大片出血和血凝块

彩图 3-2-4　胰脏潮红，常可见到数量不等的红点

彩图3-3-1　小肠充血、出血，有大量虫体

彩图3-3-2　虫体呈黄白色

彩图3-4-1　肝脏出现像"火山口"样的坏死灶

彩图3-4-2　盲肠壁肥厚膨大，内腔充满干酪样渗出物

彩图3-5-1　小肠内发现较长的虫体

彩图3-5-2　粪便内可发现有白色似"碎大米粒"样的虫卵

彩图3-6-1　鸡体上发现大批浅红色或棕灰色的皮刺螨

彩图3-7-1　扒开羽毛可见到数量较多的羽虱

彩图 3-7-2　低倍显微镜下
的羽虱虫体

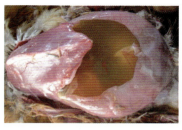

彩图 4-1-1　腹腔内有清亮
透明的浅黄色液体

彩图 4-1-2　肺脏呈弥散性
充血、瘀血和水肿

彩图 4-1-3　心脏体积增大，
心包积液

彩图 4-1-4　心脏内充满血凝块

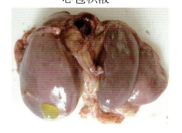

彩图 4-1-5　肝脏被膜增厚且高
低不平，常附着一层浅黄色胶
冻样物质构成的薄膜

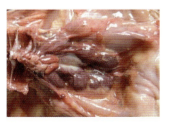

彩图 4-1-6　肾脏肿大、充血

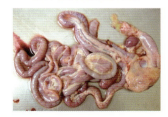

彩图 4-1-7　肠道及黏膜严重瘀血

彩图 4-1-8　胸、腿肌瘀血
及皮下水肿

彩图 4-2-1　肾小管受阻使
肾脏表面形成花纹

彩图 4-2-2　心外膜覆盖一层
薄膜状的白色尿酸盐

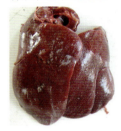

彩图 4-2-3　肝被膜覆盖一
层薄膜状的白色尿酸盐

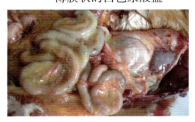

彩图 4-2-4　肠系膜表面覆盖
一层薄膜状的白色尿酸盐

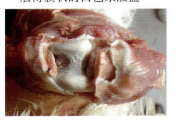

彩图 4-2-5　关节面上可见
白色尿酸盐沉着

彩图 4-3-1　冠和肉髯苍白

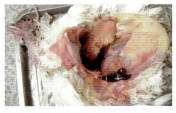

彩图 4-3-2　腹腔及内脏周围
沉积大量脂肪

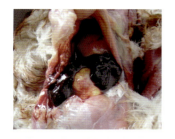

彩图4-3-3　腹腔中常见有大
的血凝块

彩图4-3-4　大量血凝块包裹
着肝脏

彩图4-3-5　肝脏肿大，
质脆易碎

彩图4-6-1　足趾向内蜷曲，
以飞节着地支撑躯体

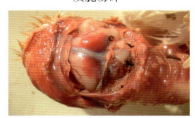

彩图4-7-1　小脑出血且软化

彩图4-8-1　胸部肌肉贫血、苍白

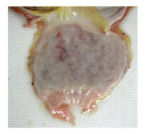

彩图4-8-2　腺胃变薄变软，呈暗
红色，乳头排出污黑色分泌物

彩图4-8-3　肺部充血、
瘀血、水肿

彩图 4-8-4　胰脏潮红、水肿并出现
自溶灶

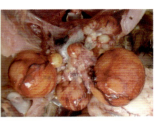
彩图 4-8-5　卵泡充血、出血

彩图 4-8-6　心外膜充血、出血

彩图 5-3-1　因碱性刺激而
引起严重的嗉囊炎

彩图 5-4-1　肝脏肿大，色泽
变浅，呈现黄白色

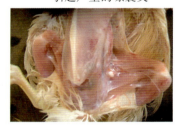
彩图 5-4-2　小腿皮下常见
有出血点或出血斑

彩图 5-5-1　肠道黏膜可见新鲜
的斑状出血

彩图 5-6-1　病鸡脖子后
仰，两腿僵直后坐

中草药健康养殖致富直通车

中兽医良方治鸡病

主　编　赵晓娜　牛绪东　刘建柱
副主编　郑丕苗　任　禾　冯学俊　李克鑫
　　　　张　勇　关海峰
参　编　刘永夏　张元瑞　张　波　张志浩
　　　　孙宪华　陈　鹏　朱毅然　徐宇良
　　　　史梦科　谢　宁　程国栋　洪　光
　　　　董丽华　吴京山
主　审　成子强

机械工业出版社

本书内容包括鸡临床常见的病毒性传染病、细菌性传染病、寄生虫病、代谢病及中毒病，并针对其病原、临床症状、病理变化等进行了阐述。本书的特点是突出中兽医辨证论治、中兽药方剂与具有实效性的现代疗法相结合等在防治鸡病中的应用，另配有128张彩图，以达到图文并茂，易学易懂，用后见效的目的。

本书可供广大养鸡户、养鸡场兽医人员、基层临床兽医人员，以及对中兽医诊疗技术有兴趣的人士参考。

图书在版编目（CIP）数据

中兽医良方治鸡病/赵晓娜，牛绪东，刘建柱主编. —北京：机械工业出版社，2019.8（2025.1重印）
（中草药健康养殖致富直通车）
ISBN 978-7-111-62261-1

Ⅰ.①中… Ⅱ.①赵… ②牛… ③刘… Ⅲ.①鸡病－中兽医学－诊疗 Ⅳ.①S858.31

中国版本图书馆 CIP 数据核字（2019）第 049455 号

机械工业出版社（北京市百万庄大街 22 号　邮政编码 100037）
策划编辑：周晓伟　责任编辑：周晓伟　陈　洁
责任校对：王　欣　责任印制：常天培
北京铭成印刷有限公司印刷
2025 年 1 月第 1 版第 5 次印刷
147mm×210mm・4.5 印张・8 插页・157 千字
标准书号：ISBN 978-7-111-62261-1
定价：25.00 元

电话服务　　　　　　　　　　网络服务
客服电话：010-88361066　　机 工 官 网：www.cmpbook.com
　　　　　010-88379833　　机 工 官 博：weibo.com/cmp1952
　　　　　010-68326294　　金 书 网：www.golden-book.com
封底无防伪标均为盗版　　机工教育服务网：www.cmpedu.com

前　言

目前，国家对食品安全及畜禽养殖禁控药物的政策导向不断加强。应用传统中兽医扶正祛邪和辨证论治的理论，使用集抗菌、抗病毒、免疫调节于一体的多功能性中兽药方剂防治鸡病，不仅疗效巩固持久，可避免耐药菌株的产生和泛滥，而且不会产生机体及其产品的药物残留，同时显著提高机体的免疫功能，能够降低饲养成本，提高经济效益和产品安全性，还能降低养殖业对环境的污染，以达到畜牧业可持续发展的目的。

鉴于此，我们根据我国养鸡场鸡病发生情况，并借鉴国内外最新研究成果，既强调各种鸡病的实用诊断特点，又突出中兽医辨证分析鸡病的病因病机，总结中兽药方剂和现代疗法相结合在养鸡场疾病控制中的作用，编写了本书。

全书共分 5 章，主要介绍了鸡临床常见的病毒性传染病、细菌性传染病、寄生虫病、代谢病及中毒病。本书中涉及鸡病的全部病例图片皆由编者在临床实践中拍摄所得。书中的中兽药方剂，有的收集整理自公开发表的学术论文，有的收集整理自基层兽医常用的经方、验方。

需要特别说明的是，本书所用药物及其使用剂量仅供读者参考，临床使用还需结合生产实际。对于鸡用中药重量的一般计算方法，按张国增编著的《中兽医防治禽病》（中国农业出版社）给的方法：成年鸡日采食125 克，1000 只鸡日采食为 125 克/只×1000 只 =125000 克；中药粉末一般按 3% 的比例拌料，用量为 125000 克×3% =3750 克（每天的总药量）。

由于水平所限，书中难免存在一些错漏和缺陷。在此，除向为本书提供资料、支持本书编写的同人深表感谢外，恳请畜牧兽医同人不吝指正，深表谢忱。

编　者

目 录

第一章
病毒性传染病

一、新 城 疫

新城疫是由新城疫病毒引起禽的一种急性、热性、败血性和高度接触性传染病。以高热、呼吸困难、下痢、神经紊乱、黏膜和浆膜出血为特征。具有很高的发病率和病死率，是危害养禽业的一种主要传染病。OIE（世界动物卫生组织）将其列为 A 类疫病。

【病原】　新城疫病毒为副黏病毒科副黏病毒属的禽副黏病毒 Ⅰ 型。病毒存在于病禽的所有组织器官、体液、分泌物和排泄物中，以脑、脾脏、肺脏含毒量最高，以骨髓含毒时间最长。在低温条件下抵抗力强，在4℃可存活 1～2 年，－20℃时能存活 10 年以上；真空冻干病毒在 30℃温度下可保存 30 天，在 15℃温度下可保存 230 天；不同毒株对热的稳定性有较大的差异。

该病毒对消毒剂、日光及高温的抵抗力不强，一般消毒剂的常用浓度即可很快将其杀灭，很多种因素都能影响消毒剂的效果，如病毒的数量、毒株的种类、温度、湿度、阳光照射、储存条件及是否存在有机物等，尤其是以有机物的存在和低温的影响作用最大。

【临床症状】　根据临诊表现和病程长短把新城疫分为最急性、急性和慢性 3 种类型：

（1）**最急性型**　该型多见于雏鸡和流行初期。常突然发病，无特征性症状而迅速死亡。往往头天晚上饮食活动如常，次日早晨发现死亡。

（2）**急性型**　该型表现有呼吸道、消化道、生殖系统、神经系统异常。往往以呼吸道症状开始，继而下痢。起初体温升高达 43～44℃，呼吸道症状表现为咳嗽，黏液增多，呼吸困难而引颈张口，呼吸出声，鸡冠和肉髯呈暗红色或紫色。精神委顿，食欲减少或丧失，渴欲增强，羽毛松乱，不愿走动，垂头缩颈，翅翼下垂，眼半闭或全闭，状似昏睡（彩图1-1-1）。母鸡产蛋停止或产软壳蛋。口角流出大量黏液，为排出黏液，常甩头或吞咽。嗉囊内积有液状内容物，倒提时常从口角流出大量酸臭的暗灰色液体。排黄绿色或黄白色水样稀粪，有时混有少量血液。后期粪便呈蛋清样。1月龄内的雏鸡病程短，症状不明显，死亡率高。

（3）慢性型 该型多发生于育成鸡和流行后期的成年鸡。耐过急性型的病鸡，常以神经症状为主，初期症状与急性型相似，不久有所好转，但出现神经症状，如翅膀麻痹、跛行或站立不稳，头颈向后或向一侧扭转（彩图1-1-2），常伏地旋转，反复发作。在间歇期内一切正常，貌似健康，但若受到惊扰刺激或抢食，则又突然发作，头颈屈仰，全身抽搐旋转，数分钟又恢复正常。最后可变为瘫痪或半瘫痪，或者逐渐消瘦，终致死亡，但病死率较低。

【病理变化】 由于病毒侵害心血管系统，造成血液循环高度障碍而引起全身性炎性出血、水肿。在发病后期，病毒侵入中枢神经系统，常引起非化脓性脑炎变化，导致神经症状。

剖检病死鸡可见全身黏膜和浆膜出血，消化道病变以腺胃、小肠和盲肠最具特征。腺胃乳头肿胀、出血或溃疡，肌胃角质层下出血（彩图1-1-3），尤以在食管与肌胃交界处最明显。十二指肠黏膜及小肠黏膜出血（彩图1-1-4）或溃疡（彩图1-1-5）。盲肠扁桃体，在左右回盲口各有一处枣核样隆起、出血、坏死，直肠黏膜呈条纹状出血。鼻道、喉、气管黏膜充血，偶有出血，肺脏可见瘀血和水肿。有的病鸡可见皮下和腹腔脂肪出血，有的病例见脑膜充血和出血。蛋鸡或种鸡卵泡充血、出血、变性，极个别破裂后可导致卵黄性腹膜炎。

【中兽医辨证】 疠气为外感病邪，首先侵袭机体的外表肌肤，出现卫分证，病变部位在肺卫。由于肺主皮毛，开窍于鼻，通过呼吸道感染的疠气导致机体皮囊收缩，出现炸毛、缩颈；肺气上逆而咳。若卫分证不解将转入气分证，病变部位在胃、肠、脾脏及肺脏、胆，疠气为热邪，出现胃受纳腐熟、脾运化、肠传化功能异常，首先出现食欲不振、消化不良、料便、溏便、稀便或绿便；病变部位在肺，肺主气、司呼吸、通调水道等功能异常，水液在肺不能及时排泄化而为痰，积聚于气管、气囊和肺脏，表现为气喘、鼻塞、肿头，水液代谢异常在肠胃则出现拉稀，在肾脏则出现肾脏肿大等。

病邪再入里，侵入营分，出现营分证，病变部位在心包及心脏，营阴受损，心神被扰则口渴不欲饮、神昏欲睡，以夜间较重。邪入血分，病位在肝脏、肾脏及心脏，出现血分证。一是血分热极，迫血妄行，损伤脉络，故见出血诸症，皮下、组织器官出血，如气管、肺脏、肝脏、肾脏出血、瘀血，冠髯发绀等。热极伤阴动风，出现抽搐、扭颈等神经症状。

【预防】 不能单纯依赖疫苗来控制疾病。加强饲养管理和兽医卫生，注意饲料营养，减少应激，提高鸡群的整体健康水平；特别要强调全进全出和封闭式饲养制，提倡育雏鸡、育成鸡、成年鸡分场饲养方式。严格防疫和消毒制度，杜绝强毒污染和入侵。建立科学的适合于本场实际的免疫程序，充分考虑母源抗体水平，疫苗种类及毒力，最佳剂量和接种途径，鸡种和年龄。坚持定期进行免疫监测，随时调整免疫计划，使鸡群始终保持有效的抗体水平。一旦发生典型新城疫，应立即隔离和淘汰早期病鸡，全群紧急接种 3 倍剂量的 LaSota（Ⅳ系）活毒疫苗，必要时也可考虑注射Ⅰ系活毒疫苗。如果把 3 倍剂量的Ⅳ系活苗与新城疫油乳剂灭活苗同时应用，效果更好。对发病鸡群投服多维和适当抗生素，可增强抵抗力，控制细菌感染。

【良方施治】

1. 中药疗法

方1 生石膏 30 克，滑石 30 克，大黄 9 克，麦冬 9 克，地黄 9 克，柴胡 9 克，玄参 9 克，黄芩 9 克，升麻 9 克，淡竹叶 9 克，连翘 6 克，荆芥 6 克。以方测证。此方滋阴清热，主治三焦温热病。水煎或拌料，每只鸡每天 2～3 克，连用 3～5 天。

方2 板蓝根 20 克，金银花 15 克，黄芪 20 克，车前子 20 克，党参 15 克，野菊花 20 克，每天 1 剂，4 天为 1 个疗程，供 100 只鸡使用。然后用鸡新城疫疫苗滴鼻和点眼各 1 滴。

方3 大蒜头 10 个，捣碎，加饲料 5 千克拌匀，每只鸡每天喂 25 克，连喂 10 天，停 3 天再喂 10 天。

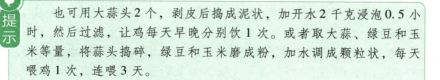

提示

也可用大蒜头 2 个，剥皮后捣成泥状，加开水 2 千克浸泡 0.5 小时，然后过滤，让鸡每天早晚分别饮 1 次。或者取大蒜、绿豆和玉米等量，将蒜头捣碎，绿豆和玉米磨成粉，加水调成颗粒状，每天喂鸡 1 次，连喂 3 天。

方 4 生石灰 0.5 千克，加水 5 千克调匀，滤去渣，泡米 2.5～4.0 千克，浸泡 12 小时后捞起阴干喂鸡，保护率可达 90% 以上。

也可用刮下的尿桶底的白色浆液或人尿浸泡稻谷喂鸡；栀子与大米以 1∶10 的比例浸泡喂鸡。

方 5 0.25 千克醋酸与 0.5 千克麦麸均匀混合，连续喂鸡 7 天。此量为 200 只鸡的用量。

也可用 2～3 滴醋，每天 1～2 次，连用 5～7 天。

方 6 将仙人掌叶片捣烂，挤出汁液，将汁液滴入鸡口腔内，让鸡咽下；或者将仙人掌叶片切成高粱米粒大小，填进鸡口内，让鸡咽下。使用上述两种方法，仅过 3～4 小时就能见效。

也可取仙人掌 10 克，蛇床子 10 克。以上药物用香油或猪油调匀，每天喂服 3 次。本方适用于治疗新城疫初期病鸡。如未痊愈，再用绿豆粉拌明矾粉，加仙人掌、蛇床子各 20 克，捣碎，拌匀，与冷水搅拌成糊状，每天 3 次，每次 2 汤匙，连喂 1 周。此量为 5～8 只鸡 1 次的用量。

方 7 将大蒜叶、葱叶或韭菜叶切细，让雏鸡自由采食。每周喂 2～3 次。

方 8 荔枝草（研粉）6 份，白矾粉 2 份，猪胆汁（浓煎成膏）2 份，掺和均匀，制成每粒 0.4 克的药丸，每只成年鸡每次 2～3 丸，每天 2 次。注意饮水充足供应。

方 9 黄芩 10 克，金银花 30 克，连翘 40 克，地榆炭 20 克，蒲公英 10 克，紫花地丁 20 克，射干 10 克，紫菀 10 克，甘草 30 克。水煎 2 次，混合煎液，供 100 只鸡饮用，每天 1 剂，连用 4～6 天。

方 10 金银花 100 克，连翘 80 克，黄连 30 克，黄芩 80 克，板蓝根 100 克，前胡 60 克，百部 60 克，瓜蒌 80 克，穿心莲 100 克，桔梗 80 克，杏仁 50 克，陈皮 60 克，枇杷叶 100 克，甘草 30 克。水煎取汁，红糖为引。

雏鸡每只0.3~0.5克，中雏每只0.8~1.0克，成年鸡每只1.5~2.0克，拌料或饮水投服。

方11 川贝母150克，栀子200克，桔梗100克，紫菀300克，桑白皮250克，石膏150克，瓜蒌200克，麻黄250克，板蓝根400克，金银花100克，黄芪500克，甘草100克，山豆根200克。水煎取汁，供1000只产蛋鸡饮服，药渣拌料。

方12 德信荆蟾素：荆芥穗30克，防风30克，羌活25克，独活25克，柴胡30克，前胡25克，枳壳25克，茯苓30克，桔梗30克，川芎20克，甘草15克，薄荷15克，蟾酥1克，莽草酸15克。预防：1000克兑水8000千克。治疗：1000克兑水4000千克。可集中饮用，连用3~5天。

> 非典型新城疫时的用量，每1000克可用于500只成年鸡使用1天。

2. 西药疗法

方1 免疫24小时后，用银翘散，饮水，连用3~5天。用冰蟾散或清瘟败毒散，拌料，连用3~5天。肠立健（硫酸新霉素、二甲硝咪唑、抗病毒因子、黏膜修复剂）或肠菌福（硫酸黏菌素），饮水，连用3~5天控制继发感染。

> 呼吸道症状严重时，配合呼感康（荆芥、防风、羌活、独活、柴胡、前胡、枳壳、茯苓、桔梗、川芎、甘草、薄荷）或呼泰（磷酸泰乐菌素），饮水，连用3~5天，同时配合营养快线缓解应激。

方2 金感康泰（黄芪多糖、聚肌胞等）+复方黄芪多糖颗粒，饮水，连用3~5天。强效阿莫西林拌料3~5天，防止继发感染。

二、禽 流 感

禽流感是由A型禽流感病毒引起的一种禽类传染病。该病毒属于正黏病毒科，根据病毒的血凝素（HA）和神经氨酸酶（NA）的抗原差异，将A型禽流感病毒分为不同的血清型，目前已发现16种HA和9种NA，可组合成许多血清亚型。毒株间的致病性有差异，根据各亚型毒株对禽类的致病力的不同，将禽流感病毒分为高致病性、低致病性和无致病性病毒株。

高致病性毒株（主要是 H5 和 H7 亚型）可引起以禽类为主的一种急性、高度致死性传染病。临床上以鸡群突然发病、高热、羽毛松乱，成年母鸡产蛋停止、呼吸困难、冠髯发绀、颈部皮下水肿、腿鳞出血，胰腺出血坏死、腺胃乳头出血等为特征，具有高发病率和高死亡率。OIE 将其列为必须报告的动物传染病，我国将其列为一类疫病。

低致病性禽流感主要由中等毒力以下的禽流感病毒（如 H9 亚型禽流感病毒）引起，以产蛋鸡产蛋率下降或青年鸡的轻微呼吸道症状和低死亡率为特征，感染后往往造成鸡群的免疫力下降，易发生并发或继发感染。

【病原】 禽流感病毒（AIV）属于甲型流感病毒。流感病毒属于RNA 病毒的正黏病毒科，分甲、乙、丙 3 种类型。其中甲型流感病毒多发于禽类，一些亚型也可感染猪、马、海豹和鲸等各种哺乳动物及人类；乙型和丙型流感病毒则分别见于海豹和猪的感染。

【临床症状】 该病潜伏期的长短随家禽所感染病毒的毒力、病毒数量、感染途径等不同有较大差异，由几小时至几天不等。其病型根据临床症状的不同可分为急性败血型、急性呼吸道型和非典型 3 种类型。

(1) 急性败血型禽流感（典型禽流感） 病禽主要的症状表现为高度沉郁、昏睡（彩图 1-2-1），张口喘气，流泪流涕（水禽有时可见眼鼻流出脓样液体），冠髯发绀、出血，头颈部肿大，急性死亡，腹泻含成块的墨绿色物的黄白色稀水样便（彩图 1-2-2）。脚部鳞片出血。母鸡产蛋量下降，蛋形变小，品质变差；流泪，头和眼睑肿胀。有的病鸡出现神经症状，共济失调。

(2) 急性呼吸道型禽流感（典型禽流感） 病初表现为体温升高，精神沉郁，采食量减少或急骤下降，排黄绿色稀粪，出现明显的呼吸道症状（咳嗽、啰音、打喷嚏、伸颈张口、鼻旁窦肿胀等），后期部分病鸡出现神经症状（头颈后仰、抽搐、运动失调、瘫痪等）。产蛋鸡感染后，蛋壳质量变差，畸形蛋增多，产蛋率下降，严重时可停止产蛋。

(3) 非典型禽流感 病鸡一般表现为流泪（彩图 1-2-3）、咳嗽、气喘、下痢，产蛋率大幅度下降（下降幅度为 50% ~ 80%），并发生零星死亡。

【病理变化】

（1）**急性败血型禽流感**（典型禽流感）　胰脏有褐色斑点样出血、变性及坏死（彩图1-2-4）；脾脏有灰白色斑点样坏死，腺胃乳头及黏膜出血，乳头分泌物增多，肌胃角质层下出血；气管黏膜和气管环出血；消化道黏膜广泛出血，尤其是十二指肠黏膜和盲肠扁桃体出血更为明显；心冠脂肪和心肌出血；肝脏、脾脏、肺脏、肾脏出血；法氏囊出血；从口腔至泄殖腔整个消化道黏膜出血（彩图1-2-5）、溃疡或有灰白色斑点、条纹样膜状物（坏死性伪膜）；蛋鸡或种鸡卵泡充血、出血、变性，或破裂后导致腹膜炎，输卵管黏膜广泛出血，黏液增多。颈部皮下有出血点和胶冻样渗出。其他组织器官也可能有出血症状，并常见有明显的纤维素性腹膜炎、气囊炎等。

（2）**急性呼吸道型禽流感**（典型禽流感）　该型的主要病理变化为喉头气管出血（彩图1-2-6）；鼻旁窦积聚分泌物；眼结膜水肿、出血；翅膀、嗉囊部皮肤表面有红黑色斑块状出血等；肺脏出血、水肿，有时也见类似急性败血型禽流感的病理变化。

（3）**非典型禽流感**　大体病理变化为鼻旁窦、气管、气囊、肠道有一些渗出性炎症，有时可见气囊有纤维素性渗出，囊壁增厚；产蛋期母鸡可发生卵黄性腹膜炎（彩图1-2-7），输卵管可出现炎性渗出物（彩图1-2-8）。

【鉴别诊断】　该病与典型新城疫、鸡传染性法氏囊病、肾型/支气管堵塞型传染性支气管炎、禽传染性脑脊髓炎、败血性大肠杆菌病、急性禽霍乱、鸡白痢、鸡副伤寒、禽曲霉菌病、鸡球虫病、黄曲霉毒素中毒、磺胺类药物中毒、一氧化碳中毒、中暑等病出现的症状相似，应注意鉴别。

该病表现出的呼吸困难（气管啰音、甩头、张口伸颈呼吸）等症状与新城疫、传染性喉气管炎、传染性鼻炎等疾病有相似之处，应注意鉴别。

该病出现的产蛋下降等症状与新城疫、传染性喉气管炎、传染性支气管炎、鸡产蛋下降综合征等疾病有相似之处，应注意鉴别。

【中兽医辨证】　根据中兽医辨证理论将禽流感分为不同的证型，采取不同的治疗方法。

（1）**邪犯肺卫证**　发热，恶寒扎堆，咳嗽，喷嚏，甩头少痰，口渴贪饮，头面部水肿，冠和肉髯发绀、肿胀，流泪，有时可见病鸡头部哆嗦震颤，苔白。

病机：毒邪袭于肺卫，致肺卫蕴邪，肺失宣降。

治法：清热解毒，宣肺透邪。

（2）邪犯胞宫证　产蛋量突然下降，甚至完全停产。蛋壳褪色，沙壳蛋、软壳蛋、畸形蛋增多。鸡群伴随有呼吸道症状，呼吸困难，有喘鸣声，拉绿色稀便，采食量下降。

病机：产蛋期的鸡，精血消耗过多，阴常不足，邪毒外侵，冲任二脉受损，肾虚精亏，元气不固，表现产软壳蛋、薄壳蛋和产蛋量下降。

治法：清热解毒，补气养血，益肾精。

（3）毒邪壅肺证　高热，咳嗽少痰，气短喘促或有啰音，冠紫，口渴贪饮，或心悸，烦躁不安，舌暗红，苔黄腻或灰腻，脉细数。有的病鸡仰脖喘，头部肿胀。

病机：重症毒邪壅肺，肺失宣降，故高热，咳嗽；痰瘀闭肺，故冠紫，气短喘促。风火上炎则头部肿胀。热伤津液则口渴贪饮。

治法：清热泻肺，解毒化瘀。

（4）气血两燔证　身热夜甚，口干反不甚渴饮，舌色红绛，精神委顿，病重鸡采食量、饮水量几乎废绝。肿头，流泪，眼睛不圆且内有泡沫，冠紫。病鸡腿部无毛处鳞片有充血或出血。有的病鸡扭头歪颈。病鸡开始拉蛋清样白稀粪，一段时间后变为灰黄色颗粒状稀粪，中后期为绿稀粪。病鸡群伴随呼吸道症状。

病机：气分邪热亢盛，风火上炎则肿头、流泪。邪入营分则劫伤营阴，表现为身热夜甚。营阴受热，易扰心神，出现神志异常，甚则热闭心包，或肝风内动出现惊厥，扭头歪颈。热入血分，迫血妄行，出现肠道出血、角质鳞片出血、肌肉出血、胰腺边缘出血、喉头出血、脏器出血等。

治法：解毒凉血。

【良方施治】

1. 中药疗法

方1　柴胡10克，黄芩12克，炙麻黄6克，炒杏仁10克，金银花10克，连翘15克，牛蒡子15克，羌活10克，芦根各15克，生甘草6克。水煎或拌料，每只鸡每天2~3克，连用3~5天。

提示

咳嗽甚者加炙枇杷叶、浙贝母；恶心呕吐者加竹茹、苏叶。

方2　葛根 20 克，黄芩 10 克，黄连 6 克，鱼腥草 30 克，苍术 10 克，藿香 10 克，姜半夏 10 克，厚朴 6 克，连翘 15 克，白芷 10 克，白茅根 20 克。水煎或拌料，供 50 只鸡使用。

提示　腹痛甚者加炒白芍、炙甘草；咳嗽重者加炒杏仁、蝉蜕。

方3　炙麻黄 9 克，生石膏 30 克，炒杏仁 10 克，黄芩 10 克，知母 10 克，浙贝母 10 克，葶苈子 15 克，桑白皮 15 克，蒲公英 15 克，重楼 10 克，赤芍 10 克，丹皮 10 克。50 只鸡的用量，水煎取汁，自由饮服。

提示　高热、神志恍惚加用安宫牛黄丸，也可选用清开灵注射液、痰热清注射液、鱼腥草注射液。冠和肉髯发绀者加黄芪、三七、当归尾，大便秘结者加生大黄、芒硝。

方4　生晒参 15 克，麦冬 15 克，五味子 10 克，炮附子 10 克（先下），干姜 10 克，山萸肉 30 克，炙甘草 6 克。30 ~ 40 只鸡 1 天的用量。每只鸡 2 ~ 3 克。

方5　金银花 120 克，连翘 120 克，板蓝根 120 克，蒲公英 120 克，青黛 120 克，甘草 120 克。水煎取汁，300 只鸡一次饮服，每天 1 剂，连服 3 ~ 5 天。

方6　柴胡 10 克，陈皮 10 克，金银花 10 克。煎水灌服，10 ~ 12 只鸡一次用量，每天 1 剂，连服 3 ~ 5 天。

方7　大黄 10 克，黄芩 10 克，板蓝根 10 克，地榆 10 克，槟榔 10 克，栀子 5 克，松针粉 5 克，生石膏 5 克，知母 5 克，藿香 5 克，黄芪 10 克，秦艽 5 克，芒硝 5 克。用开水泡一夜，上清液饮用，药渣拌料喂服，也可共研且过 20 目筛，拌料喂服，连用 2 ~ 3 天。该方是 50 羽鸡 1 天的治疗量或 100 羽鸡 1 天的预防量。

方8　大青叶 40 克，连翘 30 克，黄芩 30 克，菊花 20 克，牛蒡子 30 克，百部 20 克，杏仁 20 克，桂枝 20 克，黄柏 30 克，鱼腥草 40 克，石膏 60 克，知母 30 克，款冬花 30 克，山豆根 30 克。150 只鸡的用量，煎汤饮水，每天 1 剂，连用 2 ~ 3 天。

方9 板蓝根50克，贯众50克，藿香50克，滑石（单包装）25克，甘草15克。用水煎服，或者共研且过20目筛后拌于饲料喂服，每只鸡1~3克。

方10 黄芪60克，当归30克，黄芩30克，石韦30克，蒲公英50克，茵陈30克，苦参30克，重楼35克。水煎服饮，或者共研且过20目筛后拌于饲料喂服，每只鸡预防量为每天2克，连服3剂。该方为100~150只鸡1天的剂量。

痰多，喉中痰鸣，苔腻者，加金荞麦、苏合香丸、猴枣散。

方11 德信优倍健：黄芪250克，白芍250克，麦冬130克，板蓝根50克，金银花50克，大青叶50克，蒲公英100克，甘草30克，淫羊藿130克。1000克兑水3000千克。300只鸡可集中饮用，连用3~5天。

防疫时可同时使用本品，对疫苗效果不产生影响。

2. 西药疗法

发现家禽出现类似禽流感病情时，尽早用抗生素控制继发感染。例如，每1000毫升水中加入50毫克恩诺沙星，连饮4~5天；每1000千克饲料中加入500克土霉素粉等。

三、传染性支气管炎

传染性支气管炎（IB）是鸡的一种急性、高度接触传染的病毒性呼吸道和泌尿生殖道疾病。其特征是咳嗽、打喷嚏、气管啰音和呼吸道黏膜呈浆液性卡他性炎症。临床上分为呼吸道型和肾病理变化型。

【病原】 该病的病原是鸡传染性支气管炎病毒（IBV），系冠状病毒科冠状病毒属成员。病毒粒子具有多形性，但多为球形，有囊膜，囊膜上有许多呈放射状排列的纤突，外观像皇冠。IBV为单股RNA病毒。病毒具有多种血清型，各型之间只有部分交叉保护力，但至今没有公认的分型方法。我国主要是M41型。病毒在56℃温度下15~30分钟死亡，室温下在水中可存活24小时，低温下可长期保存。经冻干真空保存的病毒，可低温保存24年。病毒主要存在于鸡的呼吸道渗出物中，肝脏、脾脏、肾脏、法氏囊中也含有病毒。病毒对一般消毒剂敏感，如0.01%高锰酸钾、1%来苏儿、1%石炭酸、1%福尔马林及70%酒精均能在3～5分钟将其杀死。

该病的主要传播方式是病鸡从呼吸道排出病毒，经空气飞沫传染给易感鸡。病鸡康复后可带毒1.5个月左右。该病在秋冬两季易流行，并且传染迅速。该病常引起支原体混合感染或大肠杆菌等继发感染。

【临床症状】 人工感染的潜伏期为18～36小时，自然感染的潜伏期长，在有母源抗体的幼雏的体中潜伏期可达6天以上。雏鸡突然出现呼吸症状并很快波及全群，病鸡表现为气喘、咳嗽、打喷嚏、气管啰音和流鼻涕，精神沉郁、畏寒、食欲减退、羽毛松乱、扎堆，个别鸡鼻旁窦肿胀，并且流泪。蛋鸡产蛋量下降，并且产软壳蛋、畸形蛋或粗壳蛋，蛋白稀薄如水样，蛋黄与蛋白分离，以及蛋白粘壳等。肾病理变化型传染性支气管炎是目前发生多、流行范围较广的疾病，20～30日龄是其高发阶段。

（1）呼吸道型 鸡群往往发病突然。4周龄以下的幼鸡主要表现为伸颈、张口呼吸、咳嗽、打喷嚏、呼吸啰音等症状。2周龄以内的鸡，还常见鼻旁窦肿胀、流鼻液、流泪、频频甩头等。病情严重时，病鸡精神沉郁、食欲废绝、羽毛松乱、体温升高、怕冷扎堆，甚至引起死亡。康复鸡则大多发育不良，形体消瘦，蛋雏鸡还会因输卵管损伤而严重影响或完全丧失产蛋能力。5～6周龄以上的鸡发病症状与幼鸡相似，但因气管内滞留大量分泌物而造成的异常呼吸音更明显，尤以夜间最清晰。另外，较少见到流鼻液的现象。这种呼吸道症状可持续7～14天，同时有黄白色或绿色下痢，但死亡率比幼雏低。青年鸡（育成鸡）发病后气管炎症状明显，出现呼吸困难，发出"喉喉"的声音；因气管内有大量黏液，病鸡频频甩头，伴有气管啰音，但是流鼻液不明显。有的病鸡在发病3～4天后出现腹泻，粪便呈黄白色或绿色。病程达7～14天，死亡率较低。

（2）肾病理变化型 该型主要发生于2～4周龄的鸡。最初表现短期（1～4天）的轻微呼吸道症状，包括啰音、打喷嚏、咳嗽等，但只有在夜间才较明显。若无混合感染导致的明显症状，常常容易被忽视。呼吸道症状消失后不久，鸡群会突然大量发病，出现厌食、口渴、精神不振、拱背扎堆等现象，同时排出水样白色稀粪，内含大量尿酸盐（彩图1-3-1），肛门周围羽毛污浊。病鸡因脱水而体重减轻，胸肌发绀，重者鸡冠、面部及全身皮肤颜色发暗。发病10～12天达到死亡高峰，21天后死亡停止，死亡率约为30%。产蛋鸡感染后也会引起产蛋量下降、产异常蛋和死胚

率增加，但死亡不多。

【病理变化】

（1）**呼吸道型** 幼雏主要病变表现为鼻腔、喉头、气管、支气管内有浆液性、卡他性和干酪样（后期）分泌物。上呼吸道因此会被水样或黏稠的黄白色分泌物附着或堵塞。鼻旁窦、喉头、气管黏膜充血、水肿、增厚。气囊轻度混浊、增厚。支气管周围肺组织发生小灶性肺炎。若伴有混合感染，还可见到呼吸道发生脓性、纤维素性炎症。在大的支气管周围可见小面积的肺炎。产蛋鸡则多表现为卵泡充血、出血、变形、破裂，甚至发生卵黄性腹膜炎。

（2）**肾病理变化型** 主要病变表现为肾脏苍白、肿大，小叶凸出。肾小管和输尿管扩张，沉积大量尿酸盐，使整个肾脏外观呈斑驳的白色网线状，俗称花斑肾（彩图1-3-2）。在严重病例中，白色尿酸盐不但弥散分布于肾表面，而且会沉积在其他组织器官表面，即出现所谓的内脏型痛风（彩图1-3-3）。发生尿石症的鸡除输尿管扩张，内有沙粒状结石外，还往往出现一侧肾脏高度肿大，同时另一侧肾脏萎缩。病理组织学病变方面表现为肾小管上皮细胞肿胀变性，甚至坏死脱落。管腔扩张，内含尿酸盐结晶。肾间质水肿，并有淋巴细胞、浆细胞和巨噬细胞浸润，有时还可见纤维组织增生。

【鉴别诊断】 该型（呼吸型）所表现出的呼吸困难（气管啰音、甩头、张口伸颈呼吸）等症状与新城疫、禽流感、传染性喉气管炎、传染性鼻炎等疾病有相似之处，应注意区别。

（1）**与新城疫的鉴别** 新城疫病鸡表现的呼吸道症状与传染性支气管炎病鸡的症状相似，发病日龄也较接近，鉴别要点：传播速度不同，传染性支气管炎传播迅速，短期内可波及全群，发病率高达90%以上。因大多数鸡接种了疫苗，新城疫临床表现多为慢性型新城疫，发病率不高。新城疫病鸡除呼吸道症状外，还表现出歪头、扭颈、站立不稳等神经症状，传染性支气管炎病鸡无神经症状。剖检病变不同，新城疫病鸡腺胃乳头出血或出血不明显，盲肠扁桃体肿胀、出血，而传染性支气管炎病鸡无消化道病变，肾病理变化型传染性支气管炎病例可见肾脏和输尿管的尿酸盐沉积。

（2）**与高致病性禽流感的鉴别** 高致病性禽流感病鸡表现的呼吸道症状与传染性支气管炎相似，鉴别要点：传染性支气管炎仅发生于鸡，各种年龄的鸡均有易感性，但雏鸡发病最为严重，死亡率最高，而禽流感的发生没有日龄上的差异。传染性支气管炎病鸡剖检仅表现鼻腔、鼻旁窦、气管和支气管的卡他性炎症,有浆液性或干酪样渗出,肾病理变化型传染性支气管炎病鸡的肾脏多有尿酸盐沉积,其余脏器的病变较少见,而禽流感病鸡表现喉头、气管环的充血或出血,肾脏多肿胀充血或出血,仅输尿管有少量尿酸盐沉积,并且其他脏器也有变化,如腺胃乳头肿胀、出血等。

（3）与传染性喉气管炎的鉴别 传染性喉气管炎病鸡表现的呼吸道症状与传染性支气管炎相似,并且传播速度也很快,鉴别要点:发病日龄不同,传染性喉气管炎主要见于成年鸡,而传染性支气管炎以 10 日龄 ~6 周龄的雏鸡最为严重。成年鸡发病时二者均可见产蛋量下降,并且软蛋、畸形蛋、粗壳蛋明显增多,传染性支气管炎病鸡产的蛋质量更差,蛋白稀薄如水,蛋黄和蛋白分离等。这两种病的病鸡气管都有一定程度的炎症,相比之下传染性喉气管炎病鸡的气管变化更严重,可见黏膜出血,气管腔内有血性黏液或血凝块或黄白色伪膜。肾病理变化型传染性支气管炎病例剖检可见肾脏肿大、出血,肾小管和输尿管有尿酸盐沉积,而传染性喉气管炎病例无这一病变。

（4）与传染性鼻炎的鉴别 传染性鼻炎病鸡表现的呼吸道症状与传染性支气管炎相似,并且传播速度也很快。鉴别要点:发病日龄不同,传染性鼻炎可发生于任何年龄的鸡,但以育成鸡和产蛋鸡多发,而传染性支气管炎以 10 日龄 ~6 周龄的雏鸡最为严重。成年鸡发病时二者均可见产蛋量下降,并且软蛋、畸形蛋、粗壳蛋明显增多,传染性支气管炎病鸡产的蛋质量更差,蛋白稀薄如水,蛋黄和蛋白分离等。临床表现不同,传染性鼻炎病鸡多见一侧脸面肿胀,有的肉髯水肿。病原类型不同,传染性支气管炎是病毒引起的,而传染性鼻炎是由副鸡嗜血杆菌（现定名为副鸡禽杆菌）引起的,在患病初期用磺胺类药物可以快速控制该病。

【中兽医辨证】 该病属中医学的咳嗽、痰饮、咳喘等范畴。认为外邪侵袭及肺脏、脾脏、肾脏三脏功能失常,是引起该病的主要原因。正气不足,卫外失职,感受外邪,外邪既可以是风寒之邪,也可以是风热之邪;也可风寒之邪入里化热,侵犯肺脏,使肺失宣发肃降;或肺气虚弱,卫外不固,复感外邪;或因年老体弱,脾肺气虚,脾失健运,湿聚成痰,停蓄于肺;或肺有宿疾,复感外邪;或久病之后,由脾肺损及肾,导致肾气不足,纳气无权等。

【预防】 该病无特效药物治疗,通常加强饲养管理,注意鸡舍环境卫生,保持通风良好,有利于该病的防治。目前常用的疫苗有活苗和灭活苗两种，我国广泛应用的活苗是 H52 和 H120 株疫苗，H120 株疫苗用于雏鸡和其他日龄的鸡，H52 用于经 H120 免疫过的大鸡，育成鸡开产时可选用 H52 疫苗，或者在雏鸡阶段选用新城疫-传染性支气管炎二联苗，灭活油乳剂苗主要在种鸡及产蛋鸡开产前应用。由于传染性支气管炎病毒血清型众多，各血清型之间交叉保护性差，应根据当地流行的血清型株制备疫苗使用，制订合理的免疫计划。一般的免疫程序是 4~5 日龄接种 H120 弱毒苗，而后 1 月龄接种第 2 次或种用鸡在 2~4 月龄加强 1 次，用毒力较强的 H52 疫苗，种鸡和蛋鸡在开产前用油乳剂灭活苗再接种 1 次。活苗免疫可用滴鼻、气雾和饮水方法，灭活苗采用肌内注射。发生肾病理变化型传染性支气管炎时可在 5~7 日龄用 MA5 疫苗滴鼻点眼免疫，18 日龄时注射用当地分离的病毒株制成的油乳剂灭活苗，28 日龄时用 MA5 疫苗滴鼻点眼或饮水免疫。

【良方施治】

1. 中药疗法

方 1 清热解毒，化痰止咳为治则。组方：蜂窝草 600 克，黄葵 600 克，穿心莲 500 克，三叉苦 500 克（除根用全草）。切碎并加水 20 千克，煮沸后再煎 20 分钟，取其药汁（1000 只鸡 1 次的用量）备用。药汁用时再按 1:4 加水稀释。每天早上给药 1 次，于饮水器中让鸡自由饮服，连用 3 天为 1 个疗程。

方 2 清热解毒，止咳平喘为治则。组方：百部、金银花、连翘、板蓝根、知母、山栀子、黄芩、杏仁、甘草等份，组成镇咳散。制法：诸药经炮制后，制成粉末，混匀即可。用法与用量：按饲料的 1% 添加，连喂 3 天。

方 3 止咳平喘，燥湿化痰为治则。组方：柴胡、荆芥、半夏、茯苓、甘草、贝母、桔梗、杏仁、玄参、赤芍、厚朴、陈皮各 30 克，细辛 6 克。制法：将诸药制成粗粉，过筛，混匀。用法与用量：将药粉加沸水焖 0.5 小时，取其上清液，加适量水供饮用。药渣拌料喂服。剂量按每千克体重每天 1 克生药。也可直接拌料（不加沸水）。

提示 该方在使用时，饮用比粉剂拌料效果快。另外，对病毒引起的呼吸道疾病，可减荆芥、柴胡，加入夏枯草、贯众、白花蛇舌草、金银花、连翘、黄芩各 30 克，以增强清热解毒、抗病毒的药力。

方4 清热化痰，止咳平喘为治则。组方：麻黄 300 克，大青叶 300 克，石膏 250 克，制半夏 200 克，连翘 200 克，黄连 200 克，金银花 200 克，蒲公英 150 克，黄芩 150 克，杏仁 150 克，麦冬 150 克，桑白皮 150 克，菊花 100 克，桔梗 100 克，甘草 50 克。制法：水煎取汁，也可共制成粗粉。取药物煎汁拌料。该方为 5000 只雏鸡 1 天的用量。连用 3～5 天。也可用粉末，平均每只雏鸡每天 0.5～0.6 克，开水浸后，拌料饲喂。

方5 清瘟散：板蓝根 250 克，大青叶 100 克，鱼腥草 250 克，穿心莲 200 克，黄芩 250 克，蒲公英 200 克，金银花 50 克，地榆 100 克，薄荷 50 克，甘草 50 克。水煎取汁或开水浸泡拌料，供 1000 只鸡 1 天饮服或喂服，每天 1 剂，一般经 3 天好转。

如果病鸡鼻黏液多、咳嗽，可加半夏、桔梗、桑白皮；粪稀，加白头翁；粪干，加大黄；喉头肿痛，加射干、山豆根、牛蒡子；热象重，加石膏、玄参。

方6 射干麻黄汤：射干 6 克，麻黄 9 克，生姜 9 克，细辛 3 克，紫菀 6 克，款冬花 6 克，大枣 3 枚，半夏 9 克，五味子 3 克，加水 12 千克，麻黄先煮 2 沸，再加余药，煮取 3 千克，分 4 次给 1000 只鸡 1 天饮水，连用 2～4 天。

方7 定喘汤：麻黄、大青叶各 300 克，石膏 250 克，制半夏、连翘、黄连、金银花 200 克，蒲公英、黄芩、杏仁、麦门冬、桑白皮各 150 克，菊花、桔梗各 100 克，甘草 80 克，煎汤去渣，拌于 1 天的日粮中喂 5000 只雏鸡。

方8 金银花、连翘、板蓝根、黄连、黄芩、穿心莲、前胡、百部、枇杷叶、瓜蒌、桔梗、杏仁、陈皮、甘草等量。按每只雏鸡 0.4～0.7 克，每只中鸡 1.0～1.4 克，每只成年鸡 2～4 克，用冷水浸泡，煮沸后文火 15～20 分钟，取汁加红糖少许，饮服 3～5 剂，重者连服 5～10 剂。

方9 穿心莲 20 克，川贝、桔梗、金银花各 10 克，制半夏 3 克，甘草 6 克，研末装入空心胶囊，大鸡每次 3～4 粒，每天 3 次。

方10 石膏粉 5 份，麻黄、杏仁、甘草、葶苈子各 1 份，鱼腥草 4 份。为末混饲，预防量为每千克体重 0.5～1.0 克，治疗量为每千克体重 1.0～2.0 克。

方11 紫菀、细辛、大腹皮、龙胆草、甘草各 20 克，茯苓、车前子、五味子、泽泻各 40 克，大枣 30 克。研末，过筛，装袋备用。每只雏鸡每天 0.5 克，早、晚各饮用 1 次。方法：将药放入搪瓷容器中，加入 20 倍药量的 100℃开水冲沏 15～20 分钟，再加入适量凉水。饮前断水 2～4 小时，2 小时内饮完，连续用药 4 天。

方 12 德信舒喘素：麻黄 30 克，苦杏仁 15 克，石膏 200 克，甘草 15 克，陈皮 50 克，制半夏 20 克。预防用量为 1000 克兑水 4000～6000 升或千克。治疗用量为 1000 克兑水 2000～3000 升或千克。可集中饮用，连用 4～5 天。

方 13 德信栓塞通：板蓝根 90 克，葶苈子 50 克，浙贝母 50 克，桔梗 30 克，陈皮 30 克，甘草 25 克。预防用量为 1000 克拌料 200 千克。治疗用量为 1000 克拌料 100 千克或水煎过滤液兑水饮。用药渣拌料，连用 3～5 天。

2. 西药疗法

方 1 治疗使用家禽基因工程干扰素注射并加丁胺卡那注射液 100 毫升/500 只，加 2 毫克地塞米松注射液 30 毫升/500 只，加利巴韦林注射液 30 毫升/500 只，混合肌内注射。

方 2 奇强［5% 多西环素（强力霉素）可溶性粉剂］100 克兑 100 升水；胺基维他饮水（按说明书）；50 千克饲料中添加肾利 100 克和鱼肝油乳（按说明书）。

四、鸡产蛋下降综合征

鸡产蛋下降综合征也称鸡减蛋综合征（EDS-76）。该病是 20 世纪 70 年代后期发现的，是世界性的商品蛋鸡和母鸡产蛋下降的一种病毒性疾病。群发性产蛋下降、产蛋异常、蛋体畸形、蛋质低劣等症状是该病患鸡的主要表现。尽管它只对产蛋鸡致病，但其自然宿主是家鸭和野鸭。

【病原】 病原为鸡产蛋下降综合征病毒，属于腺病毒科禽腺病毒属的禽腺病毒Ⅲ群。该病毒无囊膜，为双股 DNA 型，病毒粒子呈球形。病毒在 0.3% 福尔马林溶液中 48 小时可完全灭活，70℃加热 20 分钟可完全失活，在室温条件下可存活 6 个月以上。该病毒存在于鸡的输卵管、消化道、呼吸道、肝脏和脾脏中。经种蛋垂直传播是该病的一种主要传播方式，也可通过呼吸道感染。所有年龄的鸡均可感染，褐壳蛋品系鸡感染比白壳蛋品系鸡更严重。幼鸡感染后不表现任何临床症状，母鸡只是在产蛋高峰期表现明显，原因可能是潜伏的病毒被活化。

【临床症状】 EDS-76 感染鸡群无明显临床症状，通常是 26～36 周龄产蛋鸡突然出现群体性产蛋下降，产蛋率比正常下降 20%～30%，甚至达到 50%。与此同时，产出软壳蛋、薄壳蛋、无壳蛋、小蛋，蛋体畸形，蛋壳表面粗糙，如白灰样、灰黄粉样，褐壳蛋则色素消失，颜色变浅，蛋白水样，蛋黄色浅，或者蛋白中混有血液、异物等。异常蛋的数量可占产蛋量的 15% 或以上，蛋的破损率增高。

【病理变化】 病鸡卵巢、输卵管萎缩变小或呈囊泡状，输卵管黏膜轻度水肿、出血，子宫部分水肿、出血，严重时形成小水疱。少部分鸡的生殖系统无明显的肉眼可见变化，只是子宫部的纹理不清晰，炎症轻微，并且在 17∶00 左右子宫部的卵（鸡蛋）没有钙质沉积，故鸡产无壳蛋。

注意 诊断该病时必须与鸡新城疫、禽流感、传染性支气管炎、禽传染性脑脊髓炎，以及钙、磷缺乏症等引起的产蛋下降相区别。

【中兽医辨证】 产蛋异常的症候分类：

（1）由于外感寒湿之阴邪，久居湿地或饲养方式不当造成脾气不足 主要表现为蛋小，产蛋量低或无产蛋高峰。临床上可分为以下 3 种：

1）脾阳不足：以排稀粪、黛绿色便为主，鸡冠不红甚至苍白，体瘦（随发病时间长短而有所差异）。

2）脾气不足：采食量正常，粪便正常，但是蛋小、质轻，产蛋量低或无产蛋高峰。

3）胃强脾弱：采食量异常增高，粪便中未消化饲料增多，并且随着采食量的增长，产蛋量降低。

（2）阴液不足 主要表现为蛋壳颜色发白，沙皮蛋、畸形蛋增多。

1）阳明肃降异常：燥热伤阳明肺胃之阴，痰饮内阻经络使肺胃之气不降而致，临床表现为蛋壳颜色发白、蛋个、蛋重、产蛋量没有异常变化。

2）肾阴不足：主要由上述类型而来或脾生化异、肾精不足，虚火上炎，临床表现为蛋壳发白，蛋个变小，沙皮蛋增多，产蛋量下降。

3）水热互结于下焦：如输卵管、尿囊水肿或输卵管积水等。主要表现为软壳蛋、畸形蛋、无壳蛋、沙皮蛋增多，产蛋量低下。

（3）阴阳两虚型 久病伤阴，阴损其阳。久痢不止，阳损其阴；长期的高生产低营养的群体，都可造成该型的发生，临床常见蛋轻，蛋个小，产蛋量下降。或有腿软，消瘦，脱肛鸡出现。例如，产蛋疲劳综合征、脑脊髓炎等。

【预防】 在有该病流行的地区，除定期注射疫苗外，孵化场也应严格执行消毒卫生制度，采用合理的卫生预防措施。同时对病鸡群补充多种维生素和抗菌制剂，有一定的辅助疗效和控制继发细菌感染。

对种鸡采取鸡群净化措施，即将40周龄以上的种鸡所产的种蛋孵化成雏后，分成若干小组，隔开饲养，每隔6周用HI（血球凝集抑制）试验测定抗体，一般测定10%～25%的鸡，淘汰阳性鸡。直到40周龄时，100%阴性雏鸡继续养殖。

可用鸡产蛋下降综合征油乳剂苗在120日龄与传染性支气管炎苗、新城疫苗（三联油乳灭活苗）同时注射免疫。如果为了确保种鸡的免疫效果，可在70日龄先免疫注射1次鸡产蛋下降综合征油乳剂苗，再在120日龄用三联油乳灭活苗免疫1次。在进行其他弱毒苗免疫时，应选用无其他特定病原（SPF）尤其是不含鸡产蛋下降综合征病毒的疫苗。

【良方施治】

1. 中药疗法

方1 党参、白术各80克，刺五加、仙茅、何首乌、当归、艾叶各50克，山楂、神曲、麦芽各40克，松针200克。按处方配药，共研为末并混合均匀以1.5%拌料服，每隔5天添加1次。

方2 黄连50克，黄柏50克，黄芩50克，金银花50克，大青叶50克，板蓝根50克，黄药子30克，白药子30克，甘草50克。按方配药，煎2次，合并2次煎液约5000毫升，加白糖1千克，供200～300只鸡饮用。每天1剂，连用3～5剂。

方3 牡蛎60克，黄芪100克，蒺藜、山药、枸杞子各30克，女贞子、菟丝子各20克，龙骨、五味子各15克。共研细末。按日粮的3%～5%添加，拌匀，再加入50%～70%的清水，拌混后饲喂，每天2次，连用3～5天为1个疗程。

提示 喂药后给予充足饮水，一般2个疗程可治愈。

方4 金银花、大青叶、山药、黄芪、黄柏、麦芽、蒲公英、绿豆等。加工成散剂，按100千克饲料加中药500～1000克饲喂。添加10天后鸡群的产蛋率可回升。

方5 党参20克，黄芪20克，熟地10克，女贞子20克，益母草10克，阳起石20克，淫羊藿20克，补骨脂10克。粉碎，过60目筛，混匀，以1.5%的比例拌料饲喂，连喂5天。

方6 当归30克，丹参30克，益母草50克，菟丝子25克，骨碎补25克，虎杖25克，大青叶30克，牡蛎30克，黄芪50克，松针粉100克。研为细末，拌料内服，可供200～300只鸡，连服3～5剂。

方7 黄芪40克，党参30克，茯苓30克，白术30克，赤芍25克，地黄30克，当归25克，益母草30克，泽兰30克，红藤30克，甘草15克。水煎取汁，兑水饮服，药渣拌料。供200只鸡，连服3～5剂。

方8 板蓝根35克，大青叶30克，穿心莲30克，连翘30克，丹参30克，刺五加50克，败酱草30克，蒲公英50克，黄芪50克。研为细末，拌料喂服，供300只鸡，连服3～5天。

方9 丹参20克，黄芪20克，熟地10克，女贞子20克，益母草10克，阳起石20克，仙灵脾20克，补骨脂10克，均粉碎拌均匀，过60目筛，以1.5%的比例混于饲料中。大群鸡可将每味中药的重量折合百分比剂量药量。连续用药5天为1个疗程。

方10 黄连50克，黄芩50克，黄柏5克，黄药子30克，白药子30克，大青叶、板蓝根、党参各50克，黄芪30克，甘草50克。粉碎过60目筛，混匀，以1%的比例混于饲料中，连用5天。

方11 德信益母增蛋散：黄芪40克，益母草20克，板蓝根20克，山楂60克，淫羊藿20克，拌料用量为1000克拌500千克饲料，预防药量减半，连用5～7天。

2. 西药疗法

方1 强效维生素 AD$_3$E 粉，每包500克，混料150～250千克，连用5～7天。

方2 复合维生素 B 粉，每包50克，混料25千克，连用5～7天。

方3 多蛋灵（活性肽、多种维生素、甲硫氨酸、赖氨酸、泛酸钙、中药萃取液等），每瓶500毫升，可饲喂1000只鸡拌料或饮水，每天1次，连用7～10天，对促进鸡群恢复产蛋功能有较好的作用。

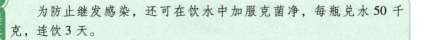

提示　为防止继发感染，还可在饮水中加服克菌净，每瓶兑水50千克，连饮3天。

五、禽白血病

禽白血病是由禽 C 型反录病毒群的病毒引起的禽类多种肿瘤性疾病的统称，主要是淋巴细胞性白血病，其次是成红细胞性白血病、成髓细胞性白血病。此外还可引起骨髓细胞瘤、结缔组织瘤、上皮肿瘤、内皮肿瘤等。大多数肿瘤侵害造血系统，少数侵害其他组织。

【病原】 病原是禽白血病/肉瘤病毒群中的病毒（ALV），属于反录病毒科禽 C 型反录病毒群。该群病毒可分为 A ~ J 共 10 个亚群，A 亚群最常见，并且与淋巴细胞性白血病最密切相关。病毒不耐热，不耐酸碱。禽白血病病毒与肉瘤病毒紧密相关，因此统称为禽白血病/肉瘤病毒。

该病主要通过蛋垂直传播，也可经接触水平传播。该病冬春两季多发，发病率低，病死率为 5% ~ 6%。

【临床症状】

(1) 淋巴细胞性白血病 潜伏期长达 14 ~ 30 周。多见此型，性成熟期发病多。表现为一般症状，如冠苍白、皱缩或发绀，减食，消瘦，虚弱，打瞌睡，卧伏，腹部膨大，按压可摸到肿大的肝脏，多衰竭、残废。

(2) 成红细胞性白血病 该病分增生型（胚型）和贫血型 2 种类型。增生型可见鸡冠苍白或发绀，消瘦，精神委顿，腹泻，多个毛囊出血。贫血型可见鸡冠为浅黄色或白色，衰弱，无力，贫血明显，病程较短。

(3) 成髓细胞性白血病 症状与成红细胞性白血病相似，病程较长。

(4) 骨髓细胞瘤 特征病变是骨骼上长有暗黄白色、柔软、脆弱或呈干酪状的骨髓细胞瘤，通常发生于肋骨与肋软骨连接处、胸骨后部、下颌骨和鼻腔软骨处，也见于头骨的扁骨，常见多个肿瘤，一般两侧对称。

(5) 血管瘤 特征病变见于皮肤或内脏表面，血管腔高度扩大形成血疱，通常单个发生。血疱破裂可引起病禽严重失血而死。

【病理变化】

(1) 淋巴细胞性白血病 临床见鸡冠苍白、腹部膨大，触诊时常可触摸到肝脏、法氏囊和肾脏肿大，羽毛有时有尿酸盐和胆色素玷污的斑。剖检（16 周龄以上的鸡）可见结节状、粟粒状或弥漫性灰白色肿瘤，主要见于肝脏、脾脏和法氏囊，其他器官如肾脏、肺脏、性腺、心脏、骨髓及肠系膜（彩图 1-5-1）也可见。结节性肿瘤大小不一，以单个或大量出现。粟粒状肿瘤多见于肝脏，均匀分布于肝实质中（彩图 1-5-2）。肝脏发生弥散性肿瘤时，呈均匀肿大，并且颜色为灰白色，俗称大肝病（彩图 1-5-3）。

（2）成红细胞性白血病　增生型以血流中成红细胞大量增加为特点。特征病变为肝脏、脾脏、肾脏弥散性肿大，呈樱桃红色或暗红色，并且质软易脆。骨髓增生、软化或呈水样，色呈暗红色或樱桃红色。贫血型以血流中成红细胞减少，血液为浅红色，显著贫血为特点。剖检可见内脏器官（尤其是脾脏）萎缩，骨髓色浅且呈胶冻样。

（3）成髓细胞性白血病　外周血液中白细胞增加，其中成髓细胞占 3/4。骨髓质地坚硬，呈灰红色或灰色。实质器官增大而脆，肝脏有灰色弥漫性肿瘤结节。晚期病例中，肝脏、肾脏、脾脏出现弥漫性灰色浸润，使器官呈斑驳状或颗粒状外观。

【中兽医辨证】　病毒早就在出壳前雏鸡的卫分中潜伏，并因无病症表现不易被发现。另一种情况是，带病毒病鸡与健康鸡直接接触，病毒由气分先进入营分，经由正邪相搏，正不压邪而进入血分。气血津液产生于腑脏，输布周身，而病毒也随之而行，聚结病毒之处便发病，并表现出症状。

【预防】　禽白血病在临床上感染率很高且危害严重，到目前为止，还没有合适的疫苗和有效的药物加以对抗，雏鸡又易出现免疫耐受，对疫苗不产生免疫应答，故只能被动地进行预防。

日常搞好对马立克氏病、传染性法氏囊病、呼肠孤病毒病、鸡球虫病等疾病的免疫预防。由于这些疾病都能引起免疫抑制，降低机体对禽白血病病毒的抵抗力，容易引发禽白血病，因此，生产上一定要重视这些疾病的免疫工作，及时注射疫苗或投喂预防性药物。

加强饲养管理，饲料中维生素缺乏、内分泌失调等因素都可促进禽白血病的发生。饲料原料应良好无污染，饲料保存合理，防止霉败变质；适当提高幼鸡饲料中粗蛋白质的含量，为种鸡免疫系统的正常发育创造良好的物质条件。鸡场严格消毒，禽白血病病毒的抵抗力不强，尤其不耐高温，50℃经 8 分钟或 60℃经 42 秒即可迅速失去活性，病毒对脂溶剂和去污剂敏感。日常饲养管理要突出消毒环节，经常进行喷雾，及时处理粪便，这是切断禽白血病传播途径的重要措施。

【良方施治】

1. 中药疗法

普济消毒散：大黄 30 克，黄芩 25 克，黄连 20 克，甘草 15 克，马勃

20 克，薄荷 25 克，玄参 25 克，牛蒡子 45 克，升麻 25 克，柴胡 25 克，桔梗 25 克，陈皮 20 克，连翘 30 克，荆芥 25 克，板蓝根 30 克，青黛 25 克，滑石 80 克。以上 17 味药粉碎，过筛，混匀，即得。水煎，供 200 只鸡饮用，每天 1 剂，连用 3～5 天。

2. 西药疗法

1）由于禽白血病可通过鸡蛋垂直传播，因此种鸡、种蛋必须来自无禽白血病的养鸡场。雏鸡和成年鸡也要隔离饲养。孵化器、出雏器、育雏室及其他设备每次使用前应彻底清洗、消毒，防止雏鸡接触感染。

2）鸡群发现病鸡要及时淘汰，同时对病鸡粪便和分泌物等污染的饲料、饮水和饲养用具等彻底消毒，防止直接或间接接触的水平传播。

六、禽传染性脑脊髓炎

禽传染性脑脊髓炎（AE）是一种主要侵害幼鸡的传染病，以共济失调和快速震颤特别是头部震颤为特征。AE 很大程度上是一种经蛋传播的疾病。

【病原】 禽传染性脑脊髓炎病毒（AEV）属于小 RNA 病毒科的肠道病毒属。病毒粒子具有六边形轮廓，无囊膜，病毒直径为 26±0.4 纳米，呈 20 面体对称，其衣壳（或病毒粒子）由 32 个或 42 个壳粒组成，病毒在氯化铯中的浮密度为 1.31～1.33 克/毫升。

【临床症状】 在自然暴发的病例中，雏鸡出壳后就陆续发病，病雏最初表现为迟钝，精神沉郁，不愿走动或走几步就蹲下来，常以跗关节着地，继而出现共济失调、走路蹒跚、步态不稳，驱赶时勉强用跗关节走路并拍动翅膀。病雏一般在发病 3 天后出现麻痹而倒地侧卧，头颈部震颤一般在发病 5 天后逐渐出现，一般呈阵发性音叉式震颤；人工刺激，如给水、加料、驱赶、倒提时可诱发。有些病鸡趾关节蜷曲、运动障碍、羽毛不整和发育受阻，平均体重明显低于正常水平。部分存活鸡可见一侧或两侧眼球的晶状体混浊或浅蓝色褪色，眼球增大及失明。

发病早期雏鸡食欲尚好，但因运动障碍，难以接近食槽和水槽而饥渴衰竭死亡。在大群饲养条件下，鸡只也会互相践踏或继发细菌性感染而死亡。中成鸡感染除出现血清学阳性反应外，无明显的临诊症状及肉眼可见的病理变化。产蛋鸡感染后产蛋下降 16%～43%。产蛋下降后 1～2 周恢复正常。孵化率可下降 10%～35%，蛋重减少，除畸形蛋稍多外，蛋壳颜色基本正常。

【病理变化】 主要病变集中在中枢神经系统和部分内脏器官，如肌胃、腺胃、胰腺、心肌和肾脏等，而外周神经无病变，这是一个重要的鉴别诊断要点。

中枢神经主要显示病毒性脑炎的病变，如神经元变性、胶质细胞增生和血管套现象。

在延脑和脊髓（特别是腰脊髓）灰质中可见神经元中央染色质溶解、神经元细胞肿大、树突和轴突消失、细胞核偏移或消失，仅剩下染色均匀的粉红色或紫红色神经元残迹。在中脑、小脑的分子层、延脑和脊髓中发现有胶质细胞增生灶。脑组织内有以淋巴细胞性管层为主的血管套现象。

内脏器官的病变表现为淋巴细胞灶性增生，在腺胃黏膜和肌层、胰腺、肌胃、肾脏等器官切片中均有发现。

【鉴别诊断】 与该病混淆的疾病有新城疫、鸡马立克氏病、维生素B_1缺乏症、维生素B_2缺乏症、维生素E缺乏症和微量元素硒缺乏症，以及聚醚类抗生素和呋喃唑酮（痢特灵）中毒，应做鉴别诊断。

雏鸡新城疫常有呼吸困难，呼吸啰音。剖检可见喉头、气管、肠道出血。病鸡有头颈扭曲、仰头、摆头等神经症状，时轻时重。鸡马立克氏病病鸡的翅、腿麻痹，神经丛明显肿大，肝脏、脾脏、性腺等器官有肿瘤性变化。维生素B_1缺乏主要表现为头颈扭曲，以及抬头望天的角弓反张症状。维生素B_2缺乏主要表现为羽毛粗乱、肢爪向内侧蜷曲、关节肿胀和跛行。维生素E和微量元素硒缺乏发病多在3~6周龄，有时可发现胸腹部皮下有蓝紫色胶冻状液体，主要病变发生在小脑，小脑充血、出血，病鸡瘫痪，不能站立，但无头颈震颤症状。聚醚类抗生素中毒时，病鸡瘫痪，不能站立，双腿后拖，无头颈震颤现象。呋喃唑酮中毒病鸡飞舞，精神亢进，发病率高，死亡快，有用药史。

【中兽医辨证】 病毒不经卫分，由口直入气分的腺胃、肌胃、小肠，而在胃和小肠受纳，传化受物分别清浊时进入血液，随同气血津液输布侵袭脏腑，病毒在肾中经过正邪相搏，邪胜正衰，肾生髓通于脑，病毒入血分而行于脑，在脑髓中进行大量增殖，产生肿胀（炎）症。

【预防】 加强消毒与隔离措施，防止从疫区引进种苗和种蛋。鸡感染后1个月内的蛋不宜孵化。AE发生后，目前尚无特异性疗法。将轻症鸡隔离饲养，加强管理。重症鸡应挑出淘汰。

目前有两类疫苗可供选择。活毒疫苗：通过饮水法接种，这种疫苗可通过自然扩散感染，并且具有一定的毒力，故小于8周龄和处于产蛋期的鸡群不能接种这种疫苗，以免引起发病，建议于10周龄以上鸡群接种，但不能迟于开产前4周接种疫苗。另一种活毒疫苗常与鸡痘弱毒疫苗制成二联苗，一般于10周龄以上至开产前4周之间进行翼膜刺种。在免疫期间注意与雏鸡隔离。灭活疫苗：适用于无禽传染性脑脊髓炎病史的鸡群，种鸡可于开产前第18~20周接种。

【良方施治】

1. 中药疗法

金银花20克，连翘20克，板蓝根20克，赤芍20克，蝉蜕15克，甘草10克，葛根15克，竹叶10克，桔梗10克。粉碎，过60目筛，混匀，按1%的比例混于饲料中，连用3~5天。

2. 西药疗法

该病尚无药物治疗，主要是做好预防工作，不到发病的养鸡场引进种蛋或种鸡，平时做好消毒及环境卫生工作。

七、传染性喉气管炎

传染性喉气管炎（AILT）是由传染性喉气管炎病毒引起的一种急性、接触性上呼吸道传染病。其特征是呼吸困难、咳嗽和咳出含有血样的渗出物。剖检时可见喉部和气管黏膜肿胀、出血和糜烂。在发病的早期患部细胞可形成核内包涵体。

【病原】 传染性喉气管炎的病原属疱疹病毒Ⅰ型，病毒核酸为双股DNA。病毒颗粒呈球形，为二十面立体对称，核衣壳由162个壳粒组成，在细胞核内呈散在或结晶状排列。该病毒分成熟病毒和未成熟病毒两种，成熟的病毒粒子的直径为195~250纳米。成熟粒子有囊膜，囊膜表面有纤突。未成熟病毒颗粒的直径约为100纳米。病毒主要存在于病鸡的气管组织及其渗出物中。肝脏、脾脏和血液中较少见。

【临床症状】 发病初期，常有数只病鸡突然死亡。病鸡初期有鼻液，呈半透明状，眼流泪，伴有结膜炎，其后表现为特征的呼吸道症状，呼吸时发出湿性啰音，咳嗽，有喘鸣音，病鸡蹲伏地面或栖架上，每次吸气时头和颈部向前向上、张口、尽力吸气（彩图1-7-1）。严重病例，高度呼吸困难，痉挛咳嗽，可咳出带血的黏液，污染喙角、颜面及头部羽毛。在鸡舍墙壁、垫草、鸡笼、鸡背羽毛或邻近鸡身上沾有血痕。当分泌物不能咳出堵住时，病鸡可窒息死亡。病鸡食欲减退或消失，迅速消瘦，鸡冠发绀，有时还排出绿色稀粪，最后多因衰竭而死亡。产蛋鸡的产蛋量迅速减少（可达35%）或停止，康复后1~2个月才能恢复。

有些毒力较弱的毒株引起发病时，流行比较缓和，发病率低，症状较轻，只是病鸡无精打采，生长缓慢，产蛋量减少，有结膜炎、眶下窦炎、鼻炎及气管炎。病程较长，长的可达1个月。死亡率一般较低（2%），大部分病鸡可以耐过。若有细菌继发感染和应激因素存在时，死亡率则会增加。

【病理变化】　该病主要典型病变在气管和喉部组织，病初黏膜充血、肿胀，高度潮红，有黏液，进而黏膜发生变性、出血和坏死（彩图1-7-2），气管中有含血黏液或血凝块（彩图1-7-3），气管管腔变窄，病程2~3天后有黄白色纤维素性干酪样伪膜。由于剧烈咳嗽和痉挛性呼吸，咳出分泌物和混血凝块及脱落的上皮组织，严重时，炎症也可波及支气管、肺脏和气囊等部位，甚至上行至鼻腔和眶下窦。肺脏一般正常或有肺充血及小区域的炎症变化。

病理组织学检查时，气管上皮细胞混浊、肿胀，细胞水肿，纤毛脱落，气管黏膜和黏膜下层可见淋巴细胞、组织细胞和浆细胞浸润，黏膜细胞变性。病毒感染后12小时，在气管、喉头黏膜上皮细胞核内可见嗜酸性包涵体。出现临诊症状48小时内包涵体最多。病毒接种鸡胚组织细胞12小时后可见到核内包涵体。

【中兽医辨证】　该病系外感病邪所致。病初，风热犯肺，症见轻度鼻塞黏涕，甩头，咳嗽，发热，冠髯边色稍暗。病邪不解继之出现热邪壅肺，清肃失司，肺气上逆，体温升高。咳嗽，气急，痰浊，呼吸不利，张口喘息，伸颈扬头，听有呼吸痰鸣音，夜晚更甚，病情进一步发展，出现瘀热郁蒸，气逆痰壅，热毒内炽伤于肺络，耗伤津液，见气血壅滞，咯吐痰液黏稠带血，有腥味，症见病鸡咳出大量黏液或带血痰液，咽喉黏膜充血肿胀，上被覆有伪膜，冠呈紫色，口渴喜饮水。

【预防】　目前尚无特异的治疗方法。发病群投服抗菌药物，对防止继发感染有一定作用。对病鸡采取对症治疗，如投服牛黄解毒丸或喉症丸，或者其他清热解毒利咽喉的中药液或中成药物。

发病鸡群，确诊后立即采用弱毒疫苗紧急接种，也有收到控制疫情的报道，可结合鸡群的具体情况采用。

饲养管理用具及鸡舍进行消毒。来历不明的鸡要隔离观察，可放数只易感鸡与其同舍，观察2周，不发病，证明不带毒，这时方可混群饲养。

病愈鸡不可和易感鸡混群饲养，耐过的康复鸡在一定时间内带毒、排毒，所以要严格控制易感鸡与康复鸡接触，最好将病愈鸡淘汰。

【良方施治】

1. 中药疗法

方1 喉气散：黄连30克，黄柏30克，黄芪20克，板蓝根30克，大青叶40克，穿心莲50克，甘草50克，桔梗50克，杏仁60克，麻黄50克。混匀粉碎，过80目筛，按每只鸡每次1.5～3.0克拌料喂服或投服，每天2次，连用5天后可治愈，10天后产蛋率开始回升。

方2 冰硼散：冰片50克，朱砂60克，硼砂500克，玄明粉500克。共为细末，取绿豆粒大小细末轻轻地喷洒在喉头上，每天2次，连用3～5天。

方3 喉症丸：牛黄、蟾酥、硼砂、板蓝根、胆汁等。制成丸剂投服。雏鸡，轻症每次1～2粒，每天2次；成年鸡重症每次6～10粒，每天2次，连用3天。

方4 清咽利喉散加减：取山豆根50克，射干50克，地榆50克，玄参30克，牛蒡子50克，麦冬30克，桔梗30克，血余炭50克，板蓝根30克，紫苏子30克，猪胆汁100毫升。中药共为细末，拌猪胆汁于阴处晾干后，用棕色瓶装，吹入喉中。成年鸡每只每次0.3～0.5克，雏鸡每只每次0.1～0.2克，每天2次，连用3～5天。

方5 牛蒡子120克，浙贝母120克，玄参300克，芦根300克，马兜铃350克，大青叶350克，射干300克，桔梗180克，板蓝根350克，牛膝350克，紫草180克，瓜蒌350克。水煎取汁，供3000只500克的鸡饮服。根据鸡体重大小，酌情定量。

方6 板蓝根30克，金银花15克，连翘5克，桔梗10克，败酱草30克，生甘草5克。水煎浓汁候温定量1000毫升，每只每次口服10毫升，每天2次。

方7 麻黄、知母、贝母、黄连各30克，桔梗、陈皮各25克，紫苏、杏仁、百部、薄荷、桂枝各20克，甘草25克。水煎3次，合并3次药液，供100只鸡饮用，加于水中饮用，每天1剂，连用3天。治愈率达98%，预防保护率达100%。

方8 金银花、连翘、板蓝根各15克，芦根、玄参、薄荷、桔梗各10克，穿心莲、山豆根各12克，甘草6克，为末。成年鸡每只2~3克，每天2次，雏鸡每只1~2克，每天2次。

方9 金银花、连翘、板蓝根、黄连、黄芩、穿心莲、前胡、百部、枇杷叶、瓜蒌、桔梗、杏仁、陈皮、甘草，雏鸡每只单味药用量为0.03~0.05克，中鸡每只单味药用量为0.08~0.1克，成年鸡每只单味药用量为0.15~0.2克。先冷水浸泡，再文火煮沸15~20分钟，取汁加红糖少许饮服，一般3~5剂即可。

方10 山豆根、青黛、板蓝根、紫菀、冬花、桔梗、荆芥、防风、冰片、生硼砂、杏仁，雏鸡每只单味药用量为0.03~0.05克，中鸡每只单味药用量为0.08~0.1克，成年鸡每只单味药用量为0.15~0.2克。共研为末，拌食喂服或水煎灌服。

方11 川贝母150克，栀子200克，桔梗100克，桑皮250克，紫菀300克，石膏150克，板蓝根400克，瓜蒌200克，麻黄250克，山豆根200克，金银花100克，黄芪500克，甘草100克，以上为1000只产蛋鸡1剂的用量，加水煎服3~4天后，药渣拌料喂鸡，1~2天1剂，连用2剂。70日龄蛋鸡用1/2的量，30日龄用1/4的量。

方12 德信舒喘素：麻黄30克，苦杏仁15克，石膏200克，甘草15克，陈皮50克，制半夏20克。预防用量为1000克兑水8000千克。治疗用量为1000克兑水4000千克。可集中饮用，连用4~5天。

2. 西药疗法

方1 每克多西环素（强力霉素）原粉加水10~20千克任鸡群自饮，连服3~5天。

方2 每千克饲料拌入盐酸吗啉胍（病毒灵）15克，板蓝根冲剂30克，任雏鸡自由采食，少数病重鸡单独饲养，并辅以少量雪梨糖浆，连服3~5天，可收到良好效果。

八、传染性法氏囊病

传染性法氏囊病（IBD）又称甘布罗病、传染性腔上囊炎，是由双RNA病毒科禽双RNA病毒属病毒引起的一种急性、高度接触性和免疫抑制性的禽类传染病。临床上以排石灰水样粪便，法氏囊显著肿大并出血，胸肌和腿肌呈斑块状出血为特征。

【病原】 传染性法氏囊病病毒（IBDV）属于双 RNA 病毒科。电镜观察表明 IBDV 有两种不同大小的颗粒，大颗粒的直径约为 60 纳米，小颗粒的直径约为 20 纳米，均为 20 面体立体对称结构。病毒粒子无囊膜，仅由核酸和衣壳组成。核酸为双股双节段 RNA，衣壳是由一层 32 个壳粒按 5:3:2 对称形式排列构成的。

【临床症状】 该病的潜伏期为 2~3 天，易感鸡群感染后发病突然，病程一般为 1 周左右，典型发病鸡群的死亡曲线呈尖峰式。发病鸡群的早期症状之一是有些病鸡有啄自己肛门的现象，随即病鸡出现腹泻，排出白色黏稠或石灰水样稀粪。随着病程的发展，食欲逐渐消失，颈和全身震颤，病鸡步态不稳，羽毛蓬松，精神委顿，卧地不动，体温常升高，泄殖腔周围的羽毛被粪便污染。此时病鸡脱水严重，趾爪干燥，眼窝凹陷，最后衰竭死亡。

【病理变化】 病死鸡肌肉色泽发暗，大腿内外侧和胸部肌肉常见条纹状或斑块状出血（彩图 1-8-1）。腺胃和肌胃交界处常见出血点或出血斑。法氏囊病变具有特征性水肿、充血和出血，比正常大 2~3 倍，囊壁增厚，外形变圆，呈土黄色，外包裹有胶冻样透明渗出物（彩图 1-8-2）。黏膜皱褶上有出血点或出血斑，内有炎性分泌物或黄色干酪样物。肾脏肿大、苍白，输尿管内有白色尿酸盐沉积（彩图 1-8-3）。法氏囊高度水肿和充血，严重的呈紫葡萄样（彩图 1-8-4），内覆有一层胶冻样黄色渗出物，有的囊内含有纤维素或干酪样物。感染后期，法氏囊萎缩，囊壁变薄，呈灰色或蜡黄色，黏膜皱褶不清或消失。盲肠扁桃体多肿大、出血。肝脏呈土黄色，有的伴有出血斑点。有的感染鸡的胸腺可见出血点；脾脏可能轻度肿大，表面有弥漫性的灰白色的病灶。

【鉴别诊断】 该病出现的肾脏肿大、内脏器官尿酸盐沉积与磺胺类药物中毒、肾病理变化型传染性支气管炎、鸡痛风等出现的病变类似，详细鉴别请参考第四章中"鸡痛风"的"鉴别诊断"对应部分的内容。

【中兽医辨证】 温热之邪经由口、鼻直接进入气分，入肠胃和肺脏，并进入脾脏、肾脏；正邪相搏，邪盛正衰，然后进入血分，由血脉进入法氏囊，在法氏囊再次剧烈正邪相争，正失利而法氏囊肿胀，后而失司，致机体正气不固，患病。

【预防】 实行科学的饲养管理和严格的卫生措施。采用全进全出饲养体制，选用全价饲料。鸡舍应换气良好，温度、湿度适宜，消除各种应激条件，提高鸡体免疫应答能力。对 60 日龄内的雏鸡最好实行隔离封闭饲养，杜绝传染来源。

严格卫生管理，加强消毒净化措施。进鸡舍前（包括周围环境）用消毒液喷洒→清扫→高压水冲洗→喷消毒液（几种消毒液交替使用 2～3 遍）→干燥→甲醛熏蒸→封闭 1～2 周后换气再进鸡。饲养期间，定期进行带鸡气雾消毒，可采用 0.3% 次氯酸钠或过氧乙酸等，按 30～50 毫升/米³ 进行消毒。

搞好免疫接种。目前使用的疫苗主要有灭活苗和活苗两类。灭活苗主要有组织灭活苗和油佐剂灭活苗。使用灭活苗对已接种活苗的鸡效果好，并使母源抗体保护雏鸡长达 4～5 周。疫苗的接种途径有注射、滴鼻、点眼、饮水等多种方法，可根据疫苗的种类、性质、鸡龄、饲养管理等情况进行具体选择。免疫程序的制定应根据琼脂扩散试验或 ELISA 对鸡群的母源抗体、免疫后抗体水平进行监测，以便选择合适的免疫时间。如果用标准抗原作为 AGP 测定母源抗体水平，若 1 日龄阳性率小于 80%，可在 10～17 日龄首免，若阳性率大于或等于 80%，应在 7～10 日龄再检测后确定首免日龄；若阳性率小于 50%，就在 14～21 日龄首免，若大于或等于 50%，应在 17～24 日龄首免。如果用间接 ELISA 测定抗体水平，雏鸡抵抗感染的母源抗体水平应为 ET 大于或等于 350。如果未做抗体水平检测，一般种鸡采用 2 周龄较大剂量中毒型弱毒疫苗首免，4～5 周龄加强免疫 1 次，产蛋前（18～20 周龄）和 38 周龄时各注射油佐剂灭活苗 1 次，一般可保持较高的母源抗体水平。肉用雏鸡和蛋鸡视抗体水平多在 2 周龄和 4～5 周龄时进行 2 次弱毒苗免疫。

发病鸡舍应严格封锁，每天上午和下午各进行 1 次带鸡消毒。对环境、人员、工具也应进行消毒。及时选用对鸡群有效的抗生素，控制继发感染。改善饲养管理和消除应激因素。可在饮水中加入复方口服补液盐及维生素 C、维生素 K、维生素 B 或 1%～2% 奶粉，以保持鸡体内水、电解质、营养平衡，促进康复。病雏早期用高免血清或卵黄抗体治疗可获得较好疗效。雏鸡 0.5～1.0 毫升/只，大鸡 1.0～2.0 毫升/只，皮下或肌内注射，必要时第二天再注射 1 次。

目前普遍应用传染性法氏囊病二价弱毒苗 B87、J87，可采取饮水、滴鼻、点眼等方法，一般采用饮水免疫。其免疫程序为：①无母源抗体（产蛋鸡未免疫接种或未发生该病），雏鸡在 5～7 日龄首次接种，5 周龄后进行第 2 次接种；②有母源抗体（产蛋鸡进行过免疫接种或患过此病）

的雏鸡在 14~21 日龄首次接种，5 周龄后进行第 2 次接种。

【良方施治】

1. 中药疗法

方1 藿香、金银花、莱菔子、车前子、菊花、金钱草、黄芩各 1 份，黄连 0.5 份。以 100 只鸡计算，10 日龄内上述中药各 10~15 克（黄连减半），20 日龄内各 20~25 克（黄连减半），1 月龄以上各 40 克左右（黄连减半），尚可视病酌情加减。每天 1 剂，每剂 3 煎，3 次药汁混合后分为 2 份，上午、下午各 1 份，饮服或灌服。

方2 党参 100 克，黄芪 100 克，板蓝根 150 克，蒲公英 100 克，大青叶 100 克，金银花 50 克，黄芩 30 克，黄柏 50 克，藿香 30 克，车前草 50 克，甘草 50 克。将上述药物装入砂罐内用凉水浸泡 30 分钟后煎熬，煎沸后文火煎半小时，连煎 2 次。混合药液浓缩至 2000 毫升左右。给 1000~2000 只雏鸡或育成鸡群自饮，对病重不饮水的鸡用滴管灌服，每次 1~2 毫升/只，每天 3 次，连用 3~4 天。

方3 黄连 100 克，黄芩 100 克，黄柏 100 克，大黄 100 克，当归 100 克，栀子 100 克，白芍 200 克，诃子 50 克，甘草 150 克。煎水后供 1000 只鸡自饮，对病重不饮水的鸡用滴管灌服，每次 1~2 毫升/只，每天 3 次，连用 4 天。

方4 板蓝根、紫草、茜草、甘草各 50 克，绿豆 500 克。以上药物水煎，供 500 只鸡拌料喂服，或者一煎拌料、二煎饮水。重病鸡灌服，连用 3 天。

方5 救鸡汤：大青叶、板蓝根、连翘、金银花、甘草、柴胡、当归、川芎、紫草、龙胆草、黄芪、黄芩各 60 克。以上药材浸泡后煎熬，取汁自由饮水或自由采食，用于 1000~2000 只雏鸡的防治，一般饮水 1~2 次即可；治疗量可略大，病鸡可滴鼻、灌服。也可将药材粉碎，再按 1%~2% 的比例拌料混饲。

方6 清解汤：生石膏 130 克，地黄、板蓝根各 40 克，赤芍、丹皮、栀子、玄参、黄芩各 30 克，连翘、黄连、大黄各 20 克，甘草 10 克。将药在凉水中浸泡 1.5 小时，然后加热至沸，文火维持 15~20 分钟，得药液 1500~2000 毫升。复煎 1 次，合并混匀，供 300 只鸡 1 天饮服，连用 2~3 天即可，给药前断水 1.5 小时。

方7 攻毒汤：党参 30 克，黄芪 30 克，蒲公英 40 克，金银花 30 克，板蓝根 30 克，大青叶 30 克，甘草（去皮）10 克，蟾蜍 1 只（100 克以上）。将蟾蜍放砂罐中，加水 1500 千克煎沸，稍后加入其他中药，文火煎沸，放冷取汁，供 100 只中鸡 1 天 3 次混饮或饲喂，连用 2 ~ 3 天。

方 8 白虎汤加减：生石膏 60 克，金银花 30 克，知母 30 克，地黄 30 克，大青叶 30 克，板蓝根 30 克，连翘 30 克，紫草 30 克，白茅根 50 克，牡丹皮 40 克，甘草 30 克。水煎取汁，供 500 只鸡饮喂灌服。

方 9 熏烟剂：艾叶、蒲公英、苍术、荆芥、防风等份。按鸡舍每立方米给药 150 克，将各药混匀后做成药团，大面积点燃，持续熏 1 小时左右，然后打开通风孔或门窗通风。每天 1 剂，连熏 2 ~ 3 天。

方 10 板蓝根、大青叶、连翘、金银花、黄芪、当归各 15 ~ 40 克，川芎、柴胡、黄芩各 15 ~ 30 克，紫草、龙胆草各 15 ~ 40 克（100 只鸡的用量），煎汤让鸡自由饮服，每天 2 次。

方 11 囊复灵：地黄、白头翁各 4 克，金银花、蒲公英、丹参、白茅根各 3 克（10 只鸡 1 次的量），每天 1 剂，水煎灌服，或者加糖适量让鸡自饮，预防量减半，碾末或煎汤拌料饲喂。

方 12 十味败毒散：板蓝根、连翘、黄芩、地黄各 10 克，泽泻、海金沙各 8 克，黄芪 15 克，诃子 5 克，甘草 5 克。粉碎，混匀，每只鸡 3 克拌料饲喂，连用 3 ~ 5 天。

方 13 德信优倍健：黄芪 250 克，白芍 250 克，麦冬 130 克，板蓝根 50 克，金银花 50 克，大青叶 50 克，蒲公英 100 克，甘草 30 克，淫羊藿 130 克。1000 克兑水 3000 千克。可集中饮用，连用 3 ~ 5 天。

防疫时可同时使用本品，对疫苗效果不产生影响。

方 14 德信肾支通：木通 30 克，瞿麦 30 克，萹蓄 30 克，车前子 30 克，滑石 60 克，甘草 25 克，炒栀子 30 克，酒大黄 30 克，灯心草 15 克。预防用量为 1000 克拌料 300 千克。治疗用量为 1000 克拌料 150 千克或水煎过滤液兑水饮。用药渣拌料，连用 3 ~ 5 天。

2. 西药疗法

抗血清治疗：利用病愈鸡的血清（中和抗体效价在 1∶1024 ~ 1∶4096）或人工高免鸡的血清（中和抗体效价在 1∶16000 ~ 1∶32000），给刚发生传染性法氏囊病的鸡注射 0.2 ~ 0.5 毫升。

九、鸡　痘

鸡痘是鸡的一种急性、接触性传染病，病的特征是在鸡的无毛或少毛的皮肤上发生痘疹，或者在口腔、咽喉部黏膜形成纤维素性坏死性伪膜。在集体或大型养鸡场易造成流行，可使鸡增重缓慢、消瘦；产蛋鸡受感染时，产蛋量暂时下降，若并发其他传染病、寄生虫病及卫生条件或营养不良时，可引起较多的死亡，对幼龄鸡更易造成严重的损失。

【病原】　鸡痘病毒属于双股 DNA 病毒目痘病毒科禽痘病毒属。成熟的病毒粒子呈砖形，直径为 250～354 纳米。病毒基因组由单分子的线状双股 DNA 组成，大小为 280kbp。在细胞质中复制，通过胞吞方式出芽，而非细胞裂解释放出病毒粒子。对外界环境有高度抵抗力，在脱落的上皮细胞中的病毒，完全干燥和阳光照射数周后仍能保存活力。但游离的病毒在 1%～2% 氢氧化钠或氢氧化钾、10% 醋酸或 0.1% 汞中很快被灭活。在腐败环境中病毒迅速死亡。而冷冻干燥可使病毒长期保持活力，达几年之久。

【临床症状】　自然感染的潜伏期为 4～10 天。病毒在入侵皮肤的上皮细胞内繁殖，引起细胞增生，形成痘疹，最后形成结痂。根据发病部位不同，该病可分为：皮肤型、眼鼻型、白喉型及混合型 4 种。

（1）皮肤型　皮肤型是最常见的类型，病鸡皮肤无毛处及羽毛稀少的部位出现分散或密集融合的痘疹，经数日结成棕黑色痘痂（彩图 1-9-1），慢慢脱落痊愈。传染较慢，病程达 3 周左右。如果群体没有继发感染，则对生产性能影响不大。该病易继发葡萄球菌感染，造成鸡只伤亡。

（2）眼鼻型　眼鼻型主要见于 20～50 日龄的鸡群，病鸡最初眼、鼻流出稀薄液体，逐步变稠，眼内蓄积脓性渗出物，使眼皮胀起，严重者造成眼皮闭合，失明，造成营养衰竭死亡。

（3）白喉型（黏膜型）　病鸡咽喉黏膜上出现灰黄色痘疹（彩图 1-9-2），很快扩散融合，形成伪膜，造成鸡只呼吸困难，最后窒息死亡。

【病理变化】　在口腔、咽喉、食道或气管黏膜上可见到处于不同时期的病灶，如小结节、大结节、结痂或疤痕等。肠黏膜可出现小点状出血，肝脏、脾脏、肾脏肿大，心肌有时呈实质性变性。

【鉴别诊断】　该病与维生素 A 缺乏症有相似之处，应加以区别。区别是该病造成黏膜上的伪膜常与其下的组织紧密相连，强行剥离后则露出粗糙的溃疡面，皮肤上多见痘疹；而维生素 A 缺乏症病鸡的黏膜上的干酪样物质易于剥离，其下面的黏膜常无明显损害。

皮肤型鸡痘易与生物素缺乏相混淆。生物素缺乏时，因皮肤出血而形成痘痂，其结痂小，而鸡痘结痂较大。白喉型鸡痘易与传染性鼻炎相混淆，患传染性鼻炎的鸡的眶下窦肿胀明显，用磺胺类药物治疗有效；患白喉型鸡痘时，鸡的上下眼睑多黏合在一起，眼肿胀明显，用磺胺类药物治疗无效。

【中兽医辨证】 带毒吸血昆虫叮咬，刺伤皮肤入腠理，然后侵入血脉，经血液入肺。肺主皮毛，于是皮肤发生痘疹。

【预防】 重在预防，治疗尚无有效的药物，宜进行局部对症处理。鸡痘的预防，除了加强鸡群的卫生、管理等一般性预防措施之外，可靠的办法是接种疫苗。凡刺种或毛囊法接种鸡痘鹌鹑化弱毒疫苗的鸡，应于接种后 7～10 天进行抽查，检查局部是否结痂或毛囊是否肿胀，若无反应要进行补种。

【良方施治】

1. 中药疗法

方 1 黄芪 30 克，肉桂 15 克，槟榔 30 克，党参 30 克，贯众 30 克，何首乌 30 克，山楂 30 克。加水适量煮沸 30 分钟，取汁供 50 只大鸡拌料喂服或饮水，每天 2～3 次。一般 2～3 剂可治愈。

方 2 野菊花 50 克，连翘 50 克，金银花 60 克，黄连 20 克，黄柏 60 克，蒲公英 50 克，紫花地丁 50 克，柴胡 50 克，白芷 50 克，板蓝根 50 克。煎水，供 200 千克体重 1 周龄的病鸡自饮或灌服，连用 4 天。

提示　治疗时加强卫生管理，栏舍用苍术、艾叶、皂角加少许硫黄熏蒸消毒，效果更好。

方 3 金银花、连翘、板蓝根、赤芍、葛根各 20 克，蝉蜕、甘草、竹叶、桔梗各 10 克，水煎取汁，备用，为 100 只鸡的用量，用药液拌料喂服或饮服，连服 3 天，对治疗皮肤与黏膜混合型鸡痘有效。

方 4 大黄、黄柏、姜黄、白芷各 50 克，生南星、陈皮、厚朴、甘草各 20 克，天花粉 100 克，共研为细末，备用。临用前取适量药物置于干净盛器内，水、酒各半调成糊状，涂于剥除鸡痘痂皮的创面上，每天 2 次，第 3 天即可痊愈。

方 5 金银花 20 克，连翘 20 克，板蓝根 20 克，赤芍 20 克，葛根 20 克，桔梗 15 克，蝉蜕 10 克，竹叶 10 克，甘草 10 克。加水煎成 500 毫升，每 100 只鸡 1 次饮服，或者拌入饲料中喂服，每天 1 剂，连用 3 天。

方 6 桔梗 15 克，川贝 10 克，当归 10 克，防风 10 克，大黄 8 克，黄芩 8 克，地黄 10 克，黄连 8 克，白术 10 克，茯苓 10 克，金银花 12 克，葛根 10 克，甘草 8 克，板蓝根 15。共为细末，按每天每只 0.5 ~ 2 克的剂量，煎水连渣拌料饲喂，连用 4 ~ 5 天。

方 7 金银花 70 克，栀子 90 克，白芷 60 克，防风 70 克，板蓝根 70 克，桔梗 50 克，黄芩 70 克，黄柏 80 克，牡丹皮 70 克，升麻 100 克，葛根 50 克，紫草 60 克，山豆根 80 克，甘草 80 克。共为细末，按每天每只 1 ~ 2 克拌料喂服，一般用药 2 ~ 4 天即愈。

方 8 板蓝根汤：板蓝根 100 克，加水 1500 毫升，煎汤，去渣，与 5 ~ 10 千克水混合，置饮水器中任意自饮。

方 9 荆芥穗 9 克，防风 9 克，薄荷 9 克，黄芩 12 克，蒲公英 15 克，栀子 12 克，大黄 10 克，川穹 9 克，赤芍 9 克，甘草 10 克，水煎取汁，兑水饮服，为 50 只鸡的药量，日服 1 剂。

方 10 牡丹皮 60 克，金银花 80 克，栀子 100 克，黄芩 50 克，板蓝根 80 克，山豆根 50 克，黄柏 80 克，苦参 50 克，皂角刺 50 克，白芷 50 克，甘草 100 克，防风 50 克，共为细末，按每天每只 0.5 ~ 2 克的剂量，煎水连渣拌料饲喂，连用 1 ~ 2 周。

方 11 板蓝根 100 克，蒲公英 50 克，山楂 50 克，甘草 50 克，金银花 50 克，黄芩 50 克，粉碎为末，供 200 只鸡拌料喂服，每天 3 次，日服 1 剂。

方 12 雄黄 6 克，黄芩、黄柏、栀子各 9 克，煎水喂 30 ~ 50 只成年鸡，每天 2 ~ 3 次。

方 13 狗肝菜、穿心莲、旱莲草各 30 克，鸡矢藤 60 克，煮水喂 50 只成年鸡，雏鸡 200 只。

方 14 金银花、大青叶、山药、黄芪、黄柏、麦芽、蒲公英、绿豆等味中药，加工成散剂，按 50 千克饲料加入 500 克药末，混饲 10 天。

方 15 黄连 50 克，黄柏 50 克，黄芩 50 克，金银花 50 克，大青叶 50 克，板蓝根 50 克，黄药子 30 克，白药子 30 克，甘草 50 克，加水 5000 毫升，煎至 2500 毫升，连煎 2 次，共得药液 5000 毫升，加白糖 1 千克，供 200 只蛋鸡 1 次饮服。每次 1 剂，连用 3 ~ 5 剂。

2. 西药疗法

方 1　对于发病早期的群体，可采取紧急免疫的办法，接种 12 小时后使用药物保守治疗，主要以抗病毒为主。鸡痘疫苗常量接种，12 小时后药物治疗。1 瓶维康一号适用于 300 只鸡的饮水量，早上集中使用 1 次。然后，康尔得 50 千克水/袋 + 氟苯尼考 100 千克水/袋混合饮水，连用 3 天。

方 2　个别鸡的处理：

皮肤型鸡痘：可在患处涂抹紫药水。

眼型鸡痘：使用眼药水，洗眼。

白喉型鸡痘：用镊子清除气管内的痘痂，口腔、咽部患处可涂抹碘甘油。

十、鸡马立克氏病

鸡马立克氏病是由疱疹病毒科 α 亚群马立克氏病病毒引起的，以危害淋巴系统和神经系统，引起外周神经、性腺、虹膜、各种内脏器官、肌肉和皮肤的单个或多个组织器官发生肿瘤为特征的禽类传染病。

【病原】　马立克氏病病毒属于细胞结合性疱疹病毒 α 亚群。病毒有两种存在形式，即裸体粒子（核衣壳）和有囊膜的完整病毒粒子。前者病毒核衣壳呈六角形，直径为 85 ~ 100 纳米，有严格的细胞结合性，离开细胞则致病性显著下降和丧失，在外界环境中生存活力很低，主要见于肾小管、法氏囊、神经组织和肿瘤组织中。后者存在于毛囊内，具有传染性。

【临床症状】　该病的潜伏期为 4 个月。根据临床症状分为 4 个型，即神经型、内脏型、眼型和皮肤型，有时可以混合发生。该病的病程一般为数周至数月。因感染的毒株、易感鸡品种（系）和日龄的不同，死亡率也不同，一般为 2% ~ 70%。

（1）神经型　该型主要侵害外周神经，尤以侵害坐骨神经最为常见。病鸡发病初期步态不稳，发生不完全麻痹，后期则完全麻痹，不能站立，蹲伏在地上，呈一腿伸向前方另一腿伸向后方的特征性姿态，臂神经受侵害时则被侵害侧翅膀下垂；当病毒侵害并支配颈部肌肉神经时，病鸡发生头下垂或头颈歪斜；当迷走神经受侵害时则可引起失声、嗉囊扩张及呼吸困难；腹神经受侵害时则常有腹泻症状。

（2）**内脏型**　该型多呈急性暴发，常见于 50～70 日龄的鸡群。病鸡精神委顿，食欲不佳，羽毛蓬乱，行走缓慢，常缩颈呆立于墙角，消瘦，下痢，病程较短。死亡率高于神经型。

（3）**眼型**　该型出现单眼或双眼视力减退或消失。虹膜失去正常色素，呈同心环状或斑点状以至弥漫的灰白色，俗称"鱼眼""灰眼"或"珍珠眼"。瞳孔收缩，边缘不整齐，似锯齿状，到严重阶段瞳孔只剩下一个针尖大小的孔。

（4）**皮肤型**　该型多发生于病鸡的翅膀、颈部、背部、大腿或尾部皮肤上，毛囊肿大，皮肤增厚，形成米粒至蚕豆大小结节及瘤状物。

【病理变化】

（1）**神经型**　病鸡最常见的病变表现在外周神经，腹腔神经丛、坐骨神经丛、臂神经丛和内脏大神经，这些地方是主要的受侵害部位。可见受害神经增粗，呈黄白色或灰白色，横纹消失，有时呈水肿样外观。病变往往只侵害单侧神经，诊断时多与另一侧神经比较。

（2）**内脏型**　病鸡以卵巢（彩图 1-10-1）受侵害最为常见，其次为肾脏、脾脏（彩图 1-10-2）、肝脏（彩图 1-10-3）、心脏（彩图 1-10-4）、肺脏、胰、肠系膜、腺胃（彩图 1-10-5）、肠道和肌肉等。在上述组织中长出大小不等的肿瘤块，呈灰白色，质地坚硬而致密。有时肿瘤组织在受害器官中呈弥漫性增生，使整个器官变得很大。

（3）**眼型**　病鸡虹膜失去正常色素，呈同心环状或斑点状。瞳孔边缘不整，到严重阶段瞳孔只剩下一个针尖大小的孔。

（4）**皮肤型**　病鸡的病变多是炎症性的，但也有肿瘤性的，病变位于受害羽囊的周围，除羽囊周围滤泡有单核细胞的大量积聚外，在真皮的血管周围常有增生细胞、少量浆细胞和组织细胞的团块聚集。胸腺有时严重萎缩，累及皮质和髓质，有的胸腺也有淋巴样细胞增生区，在变性病变细胞中有时可见到考德里氏（Cowdry）A 型核内包涵体。

【鉴别诊断】　该病内脏型肉眼病变与淋巴性白血病、网状内皮组织增殖病十分相似，应注意鉴别。建立在大体病变和年龄基础之上的诊断，至少符合以下条件之一，可考虑诊断为鸡马立克氏病：①外周神经淋巴组织增生性肿大；②16 周龄以下的鸡发生多种组织的淋巴肿瘤（肝脏、心脏、性腺、皮肤、肌肉、腺胃）；③虹膜褪色和瞳孔不规则。

【中兽医辨证】

（1）**神经型**　病毒通过气分直入肺经，肺肃降受阻后五谷精微失养肾，并且降浊受阻。浊物不能及时排出体外，造成肾不养髓，便出现四肢或某侧肢体髓线麻痹而翅展不回、肢伸不回。

（2）内脏型　病毒直入气分，温热入五脏和阳明，若正邪相搏，正盛邪衰，则鸡虽出现食欲减少，精神委顿，三天恢复正常；若邪盛正衰，五脏、胃肠受侵便会出现气分症状。

（3）眼型　当邪盛正衰，病毒进入血分、内脏，尤其是侵入肝脏时，肝火上炎，肝主目，便出现双目流泪，瞳孔缩小，眼球下陷，严重者单目紧闭或双目终生失明。

（4）皮肤型　病毒由气分入肺经，肺主羽肤，必出现羽毛蓬乱。结节及瘤状物是病毒侵袭日久，导致正气不足、血瘀日久而引起的。

【预防】　加强养鸡场的环境卫生与消毒工作，尤其是孵化卫生与育雏鸡舍的消毒，防止雏鸡的早期感染，这是非常重要的，否则即使出壳后立刻免疫有效疫苗，也难防止发病。

加强饲养管理，改善鸡群的生活条件，增强鸡体的抵抗力，对预防该病有很大的作用。饲养管理不善，环境条件差或某些传染病（如球虫病等）常是主要的诱发因素。

坚持自繁自养，防止因购入鸡苗的同时将病毒带入鸡舍。采用全进全出的饲养制度，防止不同日龄的鸡混养于同一鸡舍。

防止应激因素和预防能引起免疫抑制的疾病，如鸡传染性法氏囊病、鸡传染性贫血病、网状内皮组织增殖病等的感染。

一旦发生该病，在感染的场地清除所有的鸡，将鸡舍清洁消毒后，空置数周再引进新雏鸡。一旦开始育雏，中途不得补充新鸡。

【良方施治】

1. 中药疗法

方1　鸡熏散：千里光、蒲公英、黄柏、黄连、白头翁、艾叶、金银花、穿心莲、信石、青蒿、青黛共11味等份。用木炭点燃后放一厚铁板或铁锅，将药粉放入。最上面1/5用水潮拌，铺盖在最上边一层。每立方米10～15克，一次性熏蒸使用。

方2　清瘟败毒散：石膏120克，地黄30克，水牛角60克，黄连20克，栀子30克，牡丹皮20克，黄芩25克，赤芍25克，玄参25克，知母30克，连翘30克，桔梗25克，甘草15克，淡竹叶25克。拌料，每只鸡1～3克。

方3　赤桂五瘟散：板蓝根250克，金银花、连翘各120克，黄连、黄柏、官桂、赤石脂各20克，黄芩、（鲜）大蒜各18克，栀子、丹皮各25克，地黄、赤芍、鱼腥草各30克，水牛角15克。粉碎，然后过20目筛混合均匀。预防按1%拌料，连用3天；治疗按3%拌料，连用5～7天。

方4 扶正解毒汤：党参、黄芪、大青叶、黄芩、黄柏、柴胡、淫羊藿、金银花、连翘、黄连、泽泻各3克，甘草1克，以上是每10只成年鸡的用量，煎汁，自饮，每2天1剂，连服3剂。

2. 西药疗法

方1 用强毒（血清型）培养于不适环境下或用理化方法将其毒力减弱，制成疫苗，其苗安全性差。

方2 用自然弱毒株（血清Ⅱ型）制成疫苗（SB～1）。

方3 使用HVT冻干苗和CVI988疫苗。

注意　提高疫苗免疫效果的途径有以下4条：①避免早期感染野外强毒；②提高疫苗的接种量，增加免疫次数；③严格防制免疫抑制的疾病，如传染性法氏囊病、鸡传染性贫血病和支原体病等，减少环境应激引起的免疫抑制，避免损害免疫器官；④在超强毒污染区，可用多价苗进行注射，以增强鸡体抗超强毒的攻击能力。

十一、鸡传染性贫血病

鸡传染性贫血病（CIA）又名鸡贫血因子病，是由鸡传染性贫血病病毒引起雏鸡的以再生障碍性贫血和全身性淋巴组织萎缩为特征的一种免疫抑制性疾病，经常合并、继发和加重病毒、细菌、真菌性感染，危害很大。

【病原】　鸡传染性贫血病病毒（CIAV）属于圆环病毒科圆环病毒属，是一种近似细小病毒的环状单股DNA病毒，呈球形。该病毒无血凝性。对乙醚和氯仿有抵抗力，对次氯酸盐敏感，在50%酚中作用5分钟后丧失其感染性。在100℃ 15分钟下可使其灭活。粪便中的病毒可存活7天左右。自然发病多见于2～4周龄的鸡。垂直传播是该病主要的传播方式，也可通过消化道、呼吸道水平传播。

【临床症状】　该病的唯一特征性症状是贫血（彩图1-11-1），一般在感染后 10 天发病，14~16 天达到高峰。病鸡表现为精神沉郁，虚弱，行动迟缓，羽毛松乱，喙、肉髯、面部皮肤和可视黏膜苍白，生长不良，体重下降；临死前还可见到拉稀。血液稀薄如水，红细胞压积值降到 20% 以下（正常值在 30% 以上，降到 27% 以下便为贫血），红细胞数低于 200 万个/毫米^3，白细胞数低于 5000 个/毫米^3，血小板值低于 27%。在严重阶段，还可见到红细胞的异常变化。发病鸡的死亡率不一致，受到病毒、细菌、宿主和环境等许多因素的影响，无并发症的鸡传染性贫血病，特别是由水平感染引起的，不会引起高死亡率。若有继发感染，可加重病情，死亡增多。感染后 20~28 天存活的鸡可逐渐恢复正常。

【病理变化】　病鸡贫血，消瘦，肌肉与内脏器官苍白、贫血；肝脏和肾脏肿大，褪色或呈浅黄色；血液稀薄，凝血时间延长（彩图 1-11-2）。骨髓萎缩是在病鸡中见到的最具特征性的病变，大腿骨的骨髓呈脂肪色、浅黄色或粉红色（彩图 1-11-3）。在有些病例中，骨髓的颜色呈暗红色，其组织学检查可见到明显的病变。胸腺萎缩、出血是最常见的病变，呈深红褐色（彩图 1-11-4），可能导致其完全退化，随着病鸡的生长，抵抗力的提高，胸腺萎缩比骨髓萎缩更容易观察到。法氏囊萎缩并不明显，有的病例的法氏囊体积缩小，许多病例的法氏囊的外壁呈半透明状态，以至于可见到内部的皱襞。有时可见到腺胃黏膜出血及皮下与肌肉出血（彩图 1-11-5）。若有继发细菌感染，可见到坏疽性皮炎、肝脏肿大呈斑驳状及其他组织的病变。

【鉴别诊断】　能够引起贫血的疾病还有原髓细胞增多症、鸡球虫病、住白细胞原虫病、黄曲霉毒素中毒，以及服用过量磺胺类药物等，应注意鉴别。能够引起胸腺萎缩的疾病还有鸡马立克氏病和传染性法氏囊病，应注意区别。

【中兽医辨证】　病毒通过气分直入脾经，脾不健运则血液化生不利，并且五谷精微失养肾，造成肾不养髓，骨髓亏损，便出现贫血。

【预防】　该病目前尚无特异的治疗方法。通常可用广谱的抗生素控制与该病相关的细菌继发感染。

【良方施治】

1）加强和重视鸡群的日常饲养管理及兽医卫生措施，防止由环境因素及其他传染病导致的免疫抑制，及时接种鸡传染性法氏囊病疫苗和鸡马立克氏病疫苗。

2）目前国外有两种商品活疫苗，一是由鸡胚生产的有毒力的 CIAV

活疫苗，可通过饮水途径免疫，对种鸡在 13 ~ 15 周龄进行免疫接种，可有效地防止子代发病。该疫苗不能在产蛋前 3 ~ 4 周免疫接种，以防止通过种蛋传播病毒。二是减毒的 CIAV 活疫苗，可通过肌肉、皮下或翅膀对种鸡进行接种，这是十分有效的。如果后备种鸡群血清学呈阳性反应，则不宜进行免疫接种。

3）加强检疫，防止从外引入带毒鸡而将该病传入健康鸡群。

十二、鸡病毒性关节炎

鸡病毒性关节炎是一种由呼肠孤病毒引起的鸡的主要传染病。病毒主要侵害关节滑膜、腱鞘和心肌，引起足部关节肿胀，腱鞘发炎，继而使腓肠腱断裂。病鸡关节肿胀、发炎，行动不便，跛行或不愿走动，采食困难，生长停滞。

【病原】 鸡病毒性关节炎的病原为禽呼肠孤病毒。该病毒与其他动物的呼肠孤病毒在形态方面基本相同，病毒粒子无囊膜，呈 20 面体对称排列，直径约为 75 纳米，在氯化铯中的浮密度为 1.36 ~ 1.37 克/毫升。其基因组由 10 个节段的双链 RNA 构成。该病毒能抵抗乙醚、氯仿，能耐受 56℃ 24 小时及 60℃ 8 小时而不失活力。

【临床症状】 该病大多数野外病例均呈隐性感染或慢性感染，要通过血清学检测和病毒分离才能确定。在急性感染的情况下，病鸡表现跛行，部分病鸡生长受阻；慢性感染期的跛行更加明显（彩图 1-12-1），少数病鸡跗关节不能运动。病鸡的食欲减退和活力下降，不愿走动，喜坐在关节上，驱赶时或勉强移动，但步态不稳，继而出现跛行或单脚跳跃。

病鸡因得不到足够的水分和饲料而日渐消瘦，贫血，发育迟滞，少数逐渐衰竭而死。检查病鸡可见单侧或双侧跗部、跗关节肿胀（彩图 1-12-2）。在日龄较大的肉鸡中可见腓肠腱断裂导致顽固性跛行。

种鸡群或蛋鸡群受感染后，产蛋量可下降 10% ~ 15%。也有报道，种鸡群感染后种蛋受精率下降，这可能是病鸡因运动功能障碍而影响正常的交配所致。

【病理变化】 病鸡跗关节周围肿胀，切开皮肤可见到关节上部腓肠腱水肿，滑膜内经常有充血或点状出血，关节腔内含有浅黄色或血样渗出物（彩图 1-12-3），少数病例的渗出物为脓性，与传染性滑膜炎病变相似，这可能与某些细菌的继发感染有关。其他关节腔呈浅红色，关节液增加。根据病程的长短，有时可见周围组织与骨膜脱离。大雏或成年鸡易发生腓肠腱断裂。换羽时发生关节炎，可在患鸡皮肤外见到皮下组织呈紫红色。慢性病例的关节腔内渗出物较少，腱鞘硬化和粘连，在跗关节远端关节软骨上出现凹陷的点状溃烂，然后变大、融合，延伸到下方的骨质，关节表面纤维软骨膜过度增生。有的在切面可见到肌和腱交接部发生的不全断裂和周围组织粘连，关节腔有脓样、干酪样渗出物。有时还可见到心外膜炎，肝脏、脾脏和心肌上有细小的坏死灶。

【鉴别诊断】 应该注意的是在临床上应与滑液支原体引起的滑膜炎及细菌性关节炎等引起的跛行相区别。

【预防】 该病目前尚无有效的治疗方法，所以预防是控制该病的唯一方法。由于呼肠孤病毒本身的特点，再加上现代养鸡的高密度，要防止鸡群接触病毒是困难的，因此，预防接种是目前条件下防止鸡病毒性关节炎的最有效方法。为了防止该病流行，国外研制出了许多种弱毒苗和灭活的禽呼肠孤病毒疫苗，并制定了相应的免疫程序。

加强卫生管理及鸡舍的定期消毒。采用全进全出的饲养方式，对鸡舍彻底清洗和消毒，可以防止由上批感染鸡留下的病毒的感染。由于患病鸡长时间不断向外排毒是主要的感染源，因此，对患病鸡要坚决淘汰。

【良方施治】 既保护处于易感日龄的雏鸡，又不干扰鸡马立克氏病的免疫，因此建议按以下程序免疫：

（1）种鸡 分别在1~7日龄和4周龄用病毒性关节炎多价弱毒疫苗免疫，在开产前再接种1次灭活苗。

（2）肉鸡 该病最易发生于肉鸡，因此在1日龄以多价弱毒疫苗接种1次。

第二章
细菌性传染病

一、鸡大肠杆菌病

鸡大肠杆菌病是由某些血清型的细菌引起的一类人与动物共患传染病的总称。许多血清型的菌株可引起家禽发病，其中以 O_1、O_2、O_{78} 多见。大肠杆菌在麦康凯和远藤氏培养基上生长良好，由于它能分解乳糖，因此在上述培养基上形成红色的菌落。大肠杆菌为革兰氏染色阴性菌，在电镜下可见菌体有少量长的鞭毛和大量短的菌毛。随着集约化养鸡业的发展，大肠杆菌病的发病率日趋增多，造成鸡的成活率下降，增重减慢和屠宰废弃率增加，给养鸡业造成巨大的经济损失。

【病原】 病原是肠道菌科埃希菌属的大肠埃希氏杆菌，简称大肠杆菌。该病的血清型很多，国际上报道的致病性大肠杆菌的血清型有 O_1、K_1、O_2：Ki 和 O_{78}：KO，国内发现的有 O_5、O_7、O_{14}、O_{64}、O_{68}、O_{73}、O_{74}、O_{89}、O_{103} 和 O_{147} 等。

当机体的抵抗力下降时，如过热、过冷、密度过大、营养不良及其他疾病因素（新城疫、禽流感、传染性支气管炎、禽霍乱等），可使皮肤和黏膜的屏障机能降低，而致病性大肠杆菌大量繁殖引起发病。病鸡排出的细菌，经粪便污染蛋壳感染鸡胚造成胚胎死亡和雏鸡发病。粪便污染环境，经饮水、饲料、空气传染给健康雏鸡。

【临床症状】 病鸡精神萎靡不振，采食减少或不食，离群呆立或蹲伏不动；冠髯呈青紫色；眼虹膜呈灰白色，视力减退或失明；羽毛松乱，肛门周围羽毛粘有粪便，为灰黑色、绿色或黄白色稀粪；蹲伏、不能站、不愿动（彩图 2-1-1）或跛行，关节肿大；肝脏肿大；肠道黏膜出血和溃疡；心包发炎；腹腔积有腹水。

（1）雏鸡脐炎型　病雏的脐带发炎（俗称"硬脐"），愈合不良。

（2）脑炎型　见于7天内的雏鸡，病雏扭颈，出现神经症状，采食减少或不食。

（3）浆膜炎型　常见于2～6周龄的雏鸡，病鸡精神沉郁，缩颈闭眼，嗜睡，羽毛松乱，两翅下垂，食欲不振或废绝，气喘、甩鼻，出现呼吸道症状，眼结膜和鼻腔带有浆液性或黏液性分泌物，部分病例腹部膨大下垂，行动迟缓，重症者呈企鹅状，腹部触诊有液体波动。

（4）急性败血症型（大肠杆菌败血症）　该型是大肠杆菌病的典型病型，6～10周龄的鸡多发，呈散发性或地方流行性，病死率为5%～20%，有时可达50%。

（5）关节炎和滑膜炎型　一般是由关节的创伤或大肠杆菌性败血时细菌经血液途径转移至关节所致，病鸡表现为行走困难、跛行或呈伏卧姿势，一个或多个腱鞘、关节发生肿大。

（6）大肠杆菌性肉芽肿型　该型是一种常见的病型，45～70日龄鸡多发。病鸡进行性消瘦，可视黏膜苍白，腹泻。

（7）卵黄性腹膜炎和输卵管炎型　主要发生于产蛋母鸡，病鸡表现为产蛋停止，精神委顿，腹泻，粪便中混有蛋清及卵黄小块，有恶臭味。

（8）全眼球炎型　当鸡舍内空气中的大肠杆菌密度过高时，或者在发生急性败血症型的同时，部分鸡可引起全眼球炎，表现为一侧眼睑肿胀、流泪、畏光，眼内有大量脓液或干酪样物，角膜混浊，眼球萎缩，失明。偶尔可见两侧感染，内脏器官一般无异常病变。

（9）肿头综合征　因肺病毒感染后又继发多种病原微生物而引起的一种疫病，继发病原主要是大肠杆菌。该病主要表现为鸡的头部皮下组织及眼眶周围发生急性或亚急性蜂窝状炎症。可以看到鸡眼眶周围皮肤红肿，严重的整个头部明显肿大，皮下有干酪样渗出物。

此外，胚胎发生感染可引起胚胎死亡或出壳后幼雏陆续死亡。有些病例可出现中耳炎等临床表现。

【病理变化】

（1）雏鸡脐炎型　初生雏鸡患脐炎死后可见脐孔周围皮肤水肿，皮下瘀血、出血、水肿，水肿液呈浅黄色或黄红色。脐孔开张，以下痢为主的病死新生雏及脐炎致死新生雏均可见到卵黄没有吸收或吸收不良，卵囊充血、出血，囊内卵黄液黏稠或稀薄，多呈黄绿色。肠道呈卡他性炎症。

肝脏肿大，有时见到散在的浅黄色坏死灶（彩图2-1-2），肝被膜略有增厚。

（2）脑炎型 脑膜充血、出血，脑实质水肿，脑膜易剥离，脑壳软化。

（3）浆膜炎型 较多的成年鸡可见有卵黄性腹膜炎（彩图2-1-3），腹腔中见有蛋黄液广泛地分布于肠道表面。死亡稍慢的鸡的腹腔内有大量纤维素样物粘在肠道和肠系膜上，腹膜粗糙发炎，有的可见肠粘连。还可常见心包炎（彩图2-1-4）、肝被膜炎（彩图2-1-5）、输卵管炎（彩图2-1-6）等。有的病鸡可同时伴有腹水，腹水较混浊或含有炎性渗出物，应注意与腹水综合征的区别。

（4）急性败血症型（大肠杆菌败血症） 特征性的病理剖检变化是见肺脏充血、水肿和出血，肝脏肿大，胆囊扩张，充满胆汁，脾脏、肾脏肿大。

（5）关节炎和滑膜炎型 剖检可见关节液混浊，关节腔内有干酪样或脓性渗出物蓄积，滑膜肿胀、增厚。

（6）大肠杆菌性肉芽肿型 该型是一种常见的病型，45～70日龄的鸡多发。病鸡进行性消瘦，可视黏膜苍白，腹泻，特征性病理剖检变化是在病鸡的小肠、盲肠、肠系膜（彩图2-1-7）及肝脏、心脏等表面见到黄色脓肿或肉芽肿结节，肠粘连不易分离，脾脏无病变。外观与结核结节及鸡马立克氏病的肿瘤结节相似。严重的死亡率可高达75%。

（7）卵黄性腹膜炎和输卵管炎型 剖检时可见卵泡充血、出血、变性，破裂后引起腹膜炎。有的病例还可见输卵管炎，整个输卵管充血和出血或整个输卵管膨大，内含有干酪样物质，切面呈轮层状，可持续存在数月，并可随时间的延长而增大。

（8）全眼球炎型 单侧或双侧眼睛肿胀，有干酪样渗出物，结膜潮红，严重者失明。

（9）肿头综合征 可以看到鸡眼眶周围皮肤红肿，严重的整个头部明显肿大，皮下有干酪样渗出物。

【鉴别诊断】 应该注意的是该病剖检出现的心包炎、肝周炎和气囊炎（俗称"三炎"或"包心包肝"）病变与鸡毒支原体病、鸡痛风的剖检病变相似，应注意区别。

该病表现的腹泻与鸡球虫病、轮状病毒、疏密螺旋体、某些中毒病等出现的腹泻相似，应注意区别。

该病出现的输卵管炎与鸡白痢、鸡伤寒、鸡副伤寒等出现的输卵管炎相似，应注意区别。

该病表现的呼吸困难与鸡毒支原体病、新城疫、传染性支气管炎、禽流感、传染性喉气管炎等表现的症状相似，应注意区别。

该病引起的关节肿胀、跛行与葡萄球菌/巴氏杆菌/沙门氏菌关节炎、病毒性关节炎、锰缺乏症等引起的病变类似，应注意区别。

该病引起的脐炎、卵黄囊炎与鸡沙门氏菌病、葡萄球菌病等引起的病变类似，应注意区别。

该病引起的眼炎与葡萄球菌性眼炎、衣原体病、氨气灼伤、维生素A缺乏症等引起的眼炎类似，应注意区别。

【中兽医辨证】 湿热毒邪直中营血则见突然死亡；热邪由表入里行于肺可见呼吸喘粗，鼻分泌物增多；湿热壅积肠道可见黄色或绿色稀粪；热邪伤肝可见肝呈铜绿色，表面散布大量针头大的坏死点；热邪侵害心包膜可出现纤维素性心包炎；热邪侵害腹腔器官可见各器官表面有纤维素性渗出物，使各部浆膜增厚或见卵巢破裂，蛋黄污染腹腔等。治宜清热解毒、燥湿止痢。

【预防】 鉴于该病的发生与外界各种应激因素有关，预防该病首先是在平时加强对鸡群的饲养管理，逐步改善鸡舍的通风条件，认真落实养鸡场兽医卫生防疫措施。另外应搞好常见多发疾病的预防工作。

【良方施治】

1. 中药疗法

方1 黄连10克，黄芩50克，地榆60克，赤芍50克，丹皮30克，栀子30克，木通40克，知母20克，黄柏30克，板蓝根20克，紫花地丁50克。一次煎水供1000只雏鸡自饮，连用2~3天均可。

主要清大肠实热。

方2 黄芩30克，紫花地丁50克，板蓝根50克，白头翁20克，藿香10克，延胡索20克，雄黄3克，穿心莲20克，金银花30克，甘草20克。混合粉碎，按1%的比例混料饲喂2~3天。

方3 黄柏10克，黄连10克，大黄5克。加水150毫升，微火煎至100毫升，取药液，药渣如上法再煎1次，合并两次煎成的药液，以1:10

的比例稀释于饮水中，供 100 只雏鸡自由饮服，每天 1 剂，连用 3 天。

方 4 白头翁、黄连、黄柏、秦皮各 50 克，鲜马齿苋 100 克。水煎连饮 3 天，或者拌料饲喂，以上为 800~1000 只雏鸡的剂量。

方 5 葛根 350 克，黄芩、苍术各 300 克，黄连 150 克，地黄、丹皮、厚朴、陈皮各 200 克，甘草 100 克。研磨拌料投喂，每只成年鸡每天 1~2 克，分 3 天喂完。

方 6 黄连 100 克，黄柏 100 克，大黄 10 克，穿心莲 100 克，大青叶 10 克，龙胆草 50 克。按 1% 的比例拌料投喂，连服 3 天。

方 7 板蓝根 100 克，穿心莲 100 克，葛根 50 克，白术 50 克，黄连 100 克，秦皮 50 克，白头翁 50 克，连翘 100 克，苍术 50 克，木香 50 克，乌药 50 克，黄芪 50 克，甘草 50 克。按 1% 的比例混料饲喂。

方 8 黄连、黄芩、栀子、当归、赤芍、地榆炭、丹皮、木通、知母、肉桂、甘草。将上述药物按相同比例混合后粉碎成粗粉，成年鸡每次 1~2 克。

方 9 黄连、黄芪、金银花、大青叶、雄黄等适量，每天每千克体重 1~2 克，拌料或饮水，连用 3 天。

方 10 黄连 10 克，黄芩 100 克，地榆 100 克，赤芍 50 克，丹皮 50 克，栀子 50 克，木通 60 克，知母 50 克，肉桂 20 克，板蓝根 100 克，紫花地丁 100 克。为 1000 只雏鸡 1 次的用量，混合研磨后投喂，连用 3 天。

方 11 黄芩、金银花、板蓝根、栀子、山药、黄连、女贞子、丹皮、麻黄、杏仁、秦皮、地榆、乌梅、黄芪、赤芍、白术、半夏、甘草。按一定比例取各药，制成每毫升含生药 1 克的药液，每天每只鸡灌服 2 毫升，连用 3 天。

方 12 黄连 30 克，黄芩 30 克，大黄 20 克，穿心莲 30 克，苦参 20 克，夏枯草 20 克，龙胆草 20 克，连翘 20 克，金银花 15 克，白头翁 15 克，车前子 15 克，甘草 15 克。加水煎汁，去掉药渣，将药液加水稀释到 40 千克，供 500 只雏鸡或 100 只成年鸡自由饮用。

方 13 白头翁 150 克，秦皮 90 克，诃子 60 克，乌梅 100 克，白芍 100 克，黄连 100 克，大黄 90 克，黄柏 120 克，甘草 90 克，云苓 10 克。粉碎过筛，按 2% 的比例拌料饲喂，让鸡自由采食或饮水。

方 14 白头翁 500 克，黄连 500 克，黄柏 500 克，甘草 100 克，鲜马齿苋草 1000 克。1000 只鸡 1 天的用量，连用 3~5 天。

方 15 黄芩、大青叶、蒲公英、马齿苋草、白头翁各 30 克，柴胡 15

克，茵陈、白术、地榆、茯苓、神曲各 20 克。水煎 2 次，取汁自饮或拌料饲喂，100 只雏鸡 1 天的用量，连用 3 ~ 5 天。

2. 西药疗法

方 1　氨苄青霉素（氨苄西林）：按 0.2 克/升饮水或按 5 ~ 10 毫克/千克拌料内服。

方 2　阿莫西林：按 0.2 克/升饮水。

方 3　磺胺嘧啶（SD）：按饲料的 0.2% 拌料饲喂，按饮水的 0.1% ~ 0.2% 供鸡自饮，连用 3 天。

方 4　氟苯尼考：每千克饲料加入本品 0.2 ~ 0.6 克，连用 4 天，同时饲料中添加多维素。

二、鸡伤寒

鸡伤寒是由鸡沙门氏菌引起的一种败血性传染病，主要发生于鸡和火鸡。病程为急性或慢性经过。死亡率与病原的毒力强弱有关。

【病原】　鸡伤寒的病原为鸡沙门氏菌，该菌呈短粗的杆状，大小为（1.0 ~ 2.0）微米 × 1.5 微米，常单个散在，偶尔成对存在。革兰氏染色为阴性，不形成芽孢，无荚膜，无鞭毛。

鸡沙门氏菌易在 pH 为 7.2 的牛肉膏琼脂、牛肉浸液琼脂及其他营养培养基上生长，需氧、兼性厌氧，在 37℃ 条件下生长最佳。该菌在硒酸盐和四磺酸盐肉汤等选择培养基上能够生长，在麦康凯、亚硫酸铋、SS、去氧胆酸盐、去氧胆酸盐枸橼酸乳糖蔗糖和亮绿琼脂等鉴别培养基上都能生长。

该菌在营养琼脂上形成细小、湿润、圆形蓝灰色菌落，边缘整齐。在肉汤中生长形成絮状沉淀。

【临床症状】　雏鸡的症状与鸡白痢相似。污染种蛋可孵出弱雏及死雏。出壳后感染，潜伏期为 4 ~ 5 天，发病后的表现与鸡白痢相同。

青年鸡或成年鸡发病后，最初表现为精神委顿、羽毛松乱、头部苍白、鸡冠萎缩、饲料消耗量急剧下降。感染后 2 ~ 3 天，体温上升 1 ~ 3℃，并一直持续到死前数小时。

【病理变化】　最急性病例的组织病变不明显，病程较长者出现肝脏、脾脏、肾脏红肿，这些病变常见于青年鸡。亚急性和慢性病例，常见到肝脏肿大，呈绿褐色或青铜色（彩图 2-2-1）。另外，肝脏和心肌有粟粒状灰白色病灶（彩图 2-2-2），心包炎；由于卵泡破裂而引起腹膜炎；卵泡出血、变形及颜色改变（彩图 2-2-3）；卡他性肠炎。雏鸡感染后，肺脏、心脏和肌胃有时可见灰白色坏死灶。

【中兽医辨证】 湿热毒邪通过种蛋传给雏鸡，或者感染外界毒邪，若遇外界不良因素导致机体正气虚弱，卫外能力下降即可引起鸡群发病。邪在卫分则体温升高，精神呆滞，羽毛蓬乱，口渴，饮水增加，呼吸加强；邪入气分则见下痢，拉黄绿色或泡沫状粪便。治宜清热解毒、燥湿止痢。

【预防】 严禁从疫区购入种鸡，避免疾病传入。注意改善饲养管理，增强鸡的抵抗力。注意饲料中各种营养的搭配和增加麦类饲料。增喂麦粒能使胃液的 pH 降低，使鸡沙门氏菌死亡，减少发病率。

【良方施治】

1. 中药疗法

方 1 白头翁 50 克，黄柏、秦皮、大青叶、白芍各 20 克，乌梅 15 克，黄连 10 克，共研细末，混匀备用。连续用药 7 天，前 3 天按每只鸡每天 1.5 克，后 4 天按每只鸡每天 1 克，混入饲料中喂给。

方 2 雄黄 15 克，甘草 35 克，白矾 25 克，黄柏 25 克，黄芩 25 克，知母 30 克，桔梗 25 克，碾碎，供 100 只鸡一次拌料喂服，连续用药 3 天。

方 3 板蓝根、荆芥、防风、射干、山豆根、苏叶、甘草、地榆炭、川贝、苍术各 30 克，按每只鸡每天 1 克，拌料或煎汁饮水，连服 3 ~ 5 天。

方 4 黄连 30 克，黄柏 45 克，秦皮 60 克，白头翁 60 克，马齿苋 60 克，滑石 45 克，雄黄 30 克，藿香 30 克。按 1.5% 的比例拌料喂给，用于预防；也可水煎去渣，药液加水稀释至每千克水含生药 20 克，代替饮水用于病鸡治疗，连续使用 5 天。

方 5 羌活、防风、苍术、白芷、地黄、黄芩、细辛、甘草等份，共研为末，并用生姜汁同枣泥制丸，每丸 3 克，每次服 1 丸。

注意 混饲的同时应多给病鸡饮清洁饮水。

2. 西药疗法

方 1 氟苯尼考以 0.01% ~ 0.03% 的比例拌料，连用 4 ~ 5 天。

方2　磺胺二甲基嘧啶以0.04%的比例拌料，连用5～7天。

方3　诺氟沙星以0.4克/千克饲料拌料，连喂5～7天以后减半量，再用5～7天。

产蛋鸡慎用。

三、鸡副伤寒

鸡副伤寒是鼠伤寒沙门氏菌、肠炎沙门氏菌等引起的一种败血性传染病，呈急性或慢性经过。

【病原】　引起鸡副伤寒的细菌都是革兰氏阴性、不产生芽孢及荚膜的细菌，在血清学上具有相关性。大小一般为（0.4～0.6）微米×（1～3）微米，但偶尔也形成短丝状。常靠鞭毛运动，但在自然条件下，也可遇到无鞭毛或有鞭毛而不能运动的变种。

副伤寒沙门氏菌为兼性厌氧菌，在牛肉汁和牛肉浸液琼脂及肉汤培养基中容易首次分离培养成功（除粪便外的其他样本）。副伤寒沙门氏菌的生长需要简单，并能在种类繁多的培养基中生长。该菌对热及多种消毒剂敏感，但在自然条件下很易生存和繁殖，这成为该病易于传播的一个主要因素，在垫料、饲料中副伤寒沙门氏菌可生存数月、数年。

【临床症状】　幼鸡经带菌卵感染或出壳雏鸡在孵化器中感染病菌，常呈败血症经过，往往不显示任何症状而迅速死亡。年龄较大的幼鸡常呈亚急性经过。各种幼鸡副伤寒的症状大致相似，主要表现如下：嗜睡呆立，垂头闭眼，两翼下垂，羽毛松乱，厌食，饮水增加，排白色水样便（彩图2-3-1），肛门粘有粪便，怕冷而靠近热源处或相互拥挤。呼吸症状不常见到。常猝然倒地而死，故有"猝倒病"之称。

成年鸡在自然情况下一般为慢性带菌者，常不出现症状。病菌存在于内脏器官和肠道中。急性病例罕见，有时可出现水样便，精神沉郁、倦怠，两翅下垂，羽毛松乱等症状。

【病理变化】　最急性死亡的病鸡，完全不见病变。

雏鸡感染莫斯科沙门氏菌，肝脏呈青铜色，并有灰色坏死灶（彩图2-3-2）。气囊呈现轻微混浊，具有黄色纤维蛋白样斑点。感染鼠伤寒沙门氏菌和肠炎沙门氏菌时，见肝脏显著肿大，有时有坏死灶（彩图2-3-3）。盲肠内形成干酪样物，直肠肿大并有出血斑点。还有心包炎、心外膜炎及心肌炎。

成年鸡急性感染时，见肝脏、脾脏、肾脏充血肿胀，出血性或坏死性肠炎；心包炎及腹膜炎。在产蛋鸡中，可见输卵管坏死和增生，卵巢坏死及化脓，这种病变常扩展为全面腹膜炎。

慢性感染的成年鸡特别是肠道带菌者，常无明显的病变。

【中兽医辨证】 种鸡体内潜伏毒邪，母病及子或孵化器潜伏毒邪感染出壳雏鸡。该病为热邪直中营血，可不见症状而死亡；湿毒下注于肠道，可见水样下痢，肛门周围被粪便严重污染。治宜清热解毒、燥湿止痢。

【预防】 防制该病发生的原则在于杜绝病原的传入，消除群内的带菌者与慢性病鸡。同时还必须执行严格的卫生、消毒和隔离制度，其综合防制措施如下：

1）挑选健康种鸡、种蛋，建立健康鸡群，坚持自繁自养，慎重地从外地引进种蛋。对于健康鸡群，每年春秋两季对种鸡定期用血清凝集试验全面检疫及不定期抽查检疫。对40～60日龄以上的中鸡也可进行检疫，淘汰阳性鸡及可疑鸡。对于有病鸡群，应每隔2～4周检疫1次，经3～4次后一般可把带菌鸡全部检出淘汰，但有时也应反复多次才能检出。

2）孵化时，用季胺类消毒剂喷雾消毒孵化前的种蛋，拭干后再入孵。不安全鸡群的种蛋，不得进入孵房。每次孵化前孵房及所有用具要用甲醛消毒。对引进的鸡要注意隔离及检疫。

3）加强育雏期的饲养管理卫生，鸡舍及一切用具要注意经常清洁消毒。育雏室及运动场保持清洁干燥，饲料槽及饮水器每天清洗1次，并防止被鸡粪污染。育雏室中的温度维持恒定，采取高温育雏，并注意通风换气，避免鸡群过于拥挤。饲料配合要适当，保证含有丰富的维生素A。不用孵化的废蛋喂鸡。防止雏鸡发生啄食癖。若发现病雏，要迅速隔离消毒。此外，在养鸡场范围内应防止飞禽或其他动物进入而散播病原。

4）药物预防，雏鸡出壳后用福尔马林14毫升/米³和高锰酸钾7克/米³，在出雏器中熏蒸15分钟。用0.01%高锰酸钾溶液饮水1～2天。在鸡白痢易感日龄期间，用0.015%阿莫西林饮水，或者按0.05%磺胺-6-甲氧嘧啶（磺胺间甲氧嘧啶，SMM）拌料喂服，有利于控制鸡白痢的发生。

【良方施治】

1. 中药疗法

方1　黄连40克，黄芩40克，黄柏40克，金银花50克，桂枝45克，艾叶45克，大蒜60克，焦山楂50克，陈皮45克，青皮45克，甘草40克，水煎，供10日龄1000只雏鸡分3次拌料并饮水，每天1剂，连用5～7天。

注意　用药3天，鸡群病情明显好转，继续用药2天，病鸡症状全部消失，治愈率为96%。

方2　血见愁40克，马齿苋30克，地锦草30克，墨旱莲30克，蒲公英45克，车前草30克，茵陈、桔梗、鱼腥草各30克，煎汁3000毫升，按每只鸡约3毫升，让鸡自饮。

注意　该方治疗典型鸡副伤寒，3小时见效。第2天控制死亡，连用2～3天可治愈。

方3　狼牙草10克，地榆9克，车前子6克，白头翁6克，木香6克，白芍8克，煎汁拌料，每100只10日龄雏鸡1次喂服，连喂5～7天。

方4　白头翁50克，黄柏、秦皮、大青叶、白芍各20克，乌梅15克，黄连10克，共研细末，混匀备用。连续用药7天，前3天按每只鸡每天1.5克，后4天按每只鸡每天1克，拌料饲喂。

方5　马齿苋、地锦草、蒲公英各20克，车前草、金银花、凤尾草各10克，加水1000毫升煎汁，过滤冷却后供150只病雏自由饮用，或者拌料喂服，连用3天。

2. 西药疗法

方1　用20%氟苯尼考、多西环素（强力霉素）、新霉素联合用药。

方2　磺胺嘧啶按0.3%～0.5%拌料饲喂，连用5～7天。

方3　土霉素按5～15毫克/只，每天3次，连用5～6天。

四、禽霍乱

禽霍乱是一种侵害家禽和野禽的接触性疾病，又名禽巴氏杆菌病、禽出血性败血症。该病的自然潜伏期一般为2～9天，常出现败血性症状，发病率和死亡率很高，但也常出现慢性或良性经过。

【病原】 多杀性巴氏杆菌是两端钝圆，中央微凸的短杆菌，长 1～1.5 微米，宽 0.3～0.6 微米，不形成芽孢，也无运动性。普通染料都可着色，革兰氏染色呈阴性。病料组织或体液涂片用瑞氏法、姬姆萨氏法或亚甲蓝染色镜检，见菌体多呈卵圆形，两端着色深，中央部分着色较浅，很像并列的两个球菌，所以又叫两极杆菌。用培养物所做的涂片，两极着色则不那么明显。用印度墨汁等染料染色时，可看到清晰的荚膜。新分离的细菌荚膜宽厚；经过人工培养而发生变异的弱毒菌，荚膜狭窄且不完全。

【临床症状】 该病的临床症状有以下几种类型：

（1）最急性型 该型常见于流行初期，以产蛋量高的鸡最常见。病鸡无前驱症状突然死亡。

（2）急性型 该型最为常见，病鸡主要表现为精神沉郁，羽毛松乱，缩颈闭眼，头缩在翅下，不愿走动，离群呆立。病鸡常出现腹泻，排出黄色、灰白色或绿色稀粪。体温升高到 43～44℃，减食或不食，渴欲增加。呼吸困难，口、鼻分泌物增加。鸡冠和肉髯变为青紫色，有的病鸡肉髯肿胀，有热痛感。产蛋鸡停止产蛋。最后发生衰竭，昏迷而死亡。病程短的约半天，长的为 1～3 天。

（3）慢性型 该型多见于流行后期，以慢性肺炎、慢性呼吸道炎和慢性胃肠炎较多见。病鸡鼻孔有黏性分泌物流出，鼻旁窦肿大，喉头积有分泌物而影响呼吸，经常腹泻。病鸡消瘦，精神委顿，冠苍白。有些病鸡一侧或两侧肉髯显著肿大，随后可能有脓性干酪样物质，或者干结、坏死、脱落。有的病鸡有关节炎，常局限于趾关节、翼关节和腱鞘处，表现为关节肿大、疼痛、脚趾麻痹，因而发生跛行。病程可拖至 1 个月以上，但生长发育和产蛋长期不能恢复。

【病理变化】

（1）最急性型 死亡的病鸡无特殊病变，有时只能看见心外膜有少许出血点。

（2）急性型 病例病变较为特征，病鸡的腹膜、皮下组织及腹部脂肪常见点状出血（彩图 2-4-1）。心包变厚，心包内积有大量不透明浅黄色液体，有的含纤维素絮状液体，心外膜、心冠脂肪出血尤为明显。肺脏有充血或出血点。肝脏的病变具有特征性，肝脏稍肿、质脆，呈棕色或黄棕色（彩图 2-4-2），表面散布有许多灰白色、针头大的坏死点。脾脏一般无明显变化，或者稍微肿大，质地较柔软。肌胃出血显著，肠道尤其是十二指肠呈卡他性和出血性肠炎，肠内容物含有血液。

（3）慢性型　因侵害的器官不同而有差异。当以呼吸道症状为主时，见到鼻腔和鼻旁窦内有大量黏性分泌物，某些病例见肺脏硬变。局限于关节炎和腱鞘炎的病例，主要见关节肿大变形，有炎性渗出物和干酪样坏死。公鸡的肉髯肿大，内有干酪样的渗出物，母鸡的卵巢明显出血（彩图2-4-3），有时卵泡变形，似半煮熟样。

【中兽医辨证】　热邪直中三焦，充斥表里者可迅速死亡；热邪在表者则见体温升高，精神萎靡，缩颈，呆立不动，羽毛松乱，不食但欲饮；热邪入里，在肺则见呼吸困难，鸡冠肉髯蓝紫，口鼻流出浅黄色带泡沫的黏液，在肠则见剧烈下痢，粪便呈灰黄色或铜绿色，有时带血；热邪滞留体内长期不去则见慢性呼吸困难和下痢不止，损伤关节则见脚和翅部关节肿大，出现跛行。治宜清热解毒、泻火燥湿为原则，配合升发脾胃阳气，增强运化能力，生津止渴、止泻。

【预防】　加强鸡群的饲养管理，平时严格执行养鸡场兽医卫生防疫制度，以栋舍为单位采取全进全出的饲养制度，预防该病的发生是完全有可能的。一般从未发生过该病的养鸡场不进行疫苗接种。

对常发地区或养鸡场，药物治疗效果日渐降低，该病很难得到有效的控制，可考虑应用疫苗进行预防，现国内有较好的禽霍乱蜂胶灭活疫苗，安全可靠，可在0℃下保存2年，易于注射，不影响产蛋，无毒副作用，可有效防制该病。

【良方施治】

1. 中药疗法

方1　黄芪、蒲公英、野菊花、金银花、板蓝根、葛根、雄黄各350克，藿香、乌梅、白芷、大黄各250克，苍术20克，共研细末，每天按饲料量的1.5%添加饲喂，连喂7天可治疗该病。

方2　紫草25克，贯众15克，葛根80克，黄连70克，板蓝根20克，穿心莲30克，水煎成2000毫升，加红糖200克、大蒜汁少许，候温后供100~150只鸡饮用，每天1剂，连用3天。

注意　用药2天后病鸡症状减轻，至第5天后症状基本消失。

方3　用牛黄解毒片2~5片，供10只1次用，每天2次，连喂3天。

方4　茵陈100克，半枝莲100克，白花蛇舌草200克，大青叶100

克，藿香 50 克，当归 50 克，地黄 150 克，车前子 50 克，赤芍 50 克，甘草 5 克，共研为末拌料，以上为 300～500 只鸡 1 次的用量，每天 1 剂，连用 3～5 天。

方 5 茵陈、大黄、茯苓、白术、泽泻、车前子各 60 克，白花蛇舌草、半枝莲各 80 克，地黄、生姜、半夏、桂枝、白芥子各 50 克，共研为末，制成每袋 200 克的散剂，每 100 千克饲料放 5 袋中药进行预防，治疗加倍，连续给药 3～4 天。

方 6 生石膏 120 克，地黄 30 克，水牛角 60 克，黄连 20 克，栀子 30 克，牡丹皮 30 克，连翘 30 克，桔梗 25 克，赤芍 25 克，玄参 25 克，知母 30 克，甘草 15 克，淡竹叶 25 克，制成每袋 340 克的散剂，每 100 千克饲料中放 2 袋中药，用药不少于 5 天，治疗量加倍。

方 7 白头翁 60 克，连翘 20 克，黄连、黄柏、金银花各 40 克，野菊花、板蓝根、明矾、蒲公英各 80 克，雄黄 4 克，共研为末，充分混匀，按 2%～3% 的比例拌料。

方 8 茵陈 80 克，大黄 60 克，茯苓 60 克，白术 60 克，泽泻 60 克，车前子 60 克，白花蛇舌草 80 克，半枝莲 50 克，地黄 50 克，生姜 50 克，半夏 50 克，桂枝 50 克，以上为 100 只鸡 1 次的用量。水煎取汁饮服或粉碎拌入饲料。

方 9 穿心莲 6 份，板蓝根 6 份，蒲公英 5 份，旱莲草 5 份，苍术 3 份，共研细末，加适量淀粉，压成片，每片含生药 0.45 克，每次 3～4 片，每天 3 次，连用 3 天。

方 10 黄连、黄芩、黄柏、栀子各 20 克，薄荷、菊花、石膏、柴胡、连翘各 30 克，水煎 2 次，药液拌料饲喂。100 只鸡 1 天的用量，连用 3～5 天。

方 11 黄连 60 克，黄芩 60 克，黄柏 60 克，大黄 60 克，苍术 40 克，厚朴 40 克，甘草 30 克，浓煎药液煮稻谷饲喂。150 只鸡 1 天的用量，连用 3～5 天。

方 12 龙胆草 60 克，地丁花 60 克，紫草 60 克，甘草 60 克，鱼腥草 60 克，仙鹤草 60 克，等量为末，按 3% 的比例拌料饲喂。100 只鸡 1 天的用量，连用 3～5 天。

2. 西药疗法

方 1 青霉素加链霉素肌内注射，每只鸡 5 万～10 万国际单位，每天 1～2 次，连用 2 天，并在饲料中加喂复方敌菌净或禽菌净，拌料喂服

3天。

方2　氟苯尼考与阿米卡星（丁胺卡那霉素）组合配方注射或口服。用针剂时，每千克体重0.4毫升，肌内注射，每天1次，用1~2次。喂料时用氟苯尼考粉剂，用3~5天。

方3　盐酸沙拉沙星，饮水时每100千克水加10克，拌料时每40千克饲料加10克，连喂3~5天。

方4　复方大观霉素（壮观霉素），按300千克水加50克药剂混饮，或者与150千克饲料混饲，连用3~5天，重症药量加倍。

方5　阿莫西林，按每千克体重10~15毫克内服或肌内注射给药，每天2次。或者按每升水100~150毫克饮水给药，现配现用，连用5天。

方6　土霉素内服40~50毫克/千克，或者以0.05%~0.1%的比例拌料。

五、鸡白痢

鸡白痢是由鸡白痢沙门氏菌引起的一种急性、败血性传染性疾病，对1周龄以内的雏鸡危害大，可造成高死亡率；成年鸡无明显病变，多数呈隐形感染。

【病原】　病原为鸡白痢沙门氏菌，是一种革兰氏阴性小杆菌，两端钝圆，不形成荚膜和芽孢，无鞭毛，没有运动性，兼性厌氧。该菌用常用的消毒药均可杀灭，对多数抗生素有敏感性，但易产生耐药性。该病通常发生于5周龄以内的肉鸡和未成年的种用后备肉鸡。通过生殖系统传染给雏鸡，经蛋传染也是该病最常见的传播方式。

【临床症状】　经蛋严重感染的雏鸡往往在出壳后1~2天死亡，部分外表健康的雏鸡于7~10天时发病，7~15日龄为发病和死亡的高峰，16~20日龄时发病逐日下降，20日龄后发病迅速减少。其发病率因品种和性别不同而稍有差别，一般在5%~40%，但在新传入该病的养鸡场，其发病率显著增高，有时甚至达到100%，病死率也较老疫区的鸡群高。病鸡的临床症状因发病日龄的不同而有较大的差异。

（1）雏鸡　3周龄以内的雏鸡临床症状较为典型，怕冷、扎堆、尖叫、两翅下垂、反应迟钝、不食或减食，拉白色糊状或带绿色的稀粪，沾染肛门周围的绒毛，粪便干后结成石灰样硬块常常堵塞肛门，发生"糊肛"现象而影响排粪。肺型白痢病例出现张口呼吸，最后因呼吸困难、心力衰竭而死亡。某些病雏出现眼盲或关节肿胀、跛行。病程一般为 4～7 天，短程者为 1 天，20 日龄以上的鸡病程较长，病鸡极少死亡。耐过鸡生长发育不良，成为慢性患者或带菌者。

（2）育成鸡 多发生于 40～80 日龄，青年鸡的发病受应激因素（如密度过大、气候突变、卫生条件差等）的影响较大。一般突然发生，呈现零星突然死亡，从整体上看鸡群没有什么异常，但鸡群中总有几只鸡精神沉郁、食欲差和腹泻。病程较长，一般为 15～30 天，死亡率为 5%～20%。

（3）成年鸡 一般呈慢性经过，无任何症状或仅出现轻微症状。冠和眼结膜苍白，渴欲增加，感染母鸡的产蛋量、受精率和孵化率下降。极少数病鸡表现精神委顿，排出稀粪，产蛋停止。有的感染鸡因卵黄囊炎引起腹膜炎、腹膜增生而呈"垂腹"现象。

【病理变化】

（1）雏鸡 皮肤干燥，鸡爪干瘪；肝脏略肿，并且有坏死点（彩图 2-5-1）；脾脏肿大、出血（彩图 2-5-2），小肠、直肠有出血点，卵黄吸收不良，呈污绿色或灰黄色奶油样或干酪样，肛门上粘有粪便；个别鸡的肾脏肿大，肾脏充血或贫血，肾小管和输尿管充满尿酸盐而呈花斑状；肝脏、脾脏肿胀，有散在或密布的坏死点；盲肠膨大，有干酪样物阻塞。"糊肛"鸡见直肠积粪。病程稍长者，在肺脏上有黄白色米粒大小的坏死结节。

病死中雏的肝脏破裂、肿大，有黄白色坏死点（彩图 2-5-3）；腹腔积血；心外膜炎，整个心脏被黄白色的纤维素性渗出物包裹，心脏上有白色结节；肌胃上有黄色不整齐的坏死灶。成年病死鸡的肝脏肿大，有的破裂出现腹腔积血，有白色坏死点；脾脏肿大；卵泡萎缩、变形，呈凝固状（彩图 2-5-4）；有时发生腹膜炎和心包炎。

（2）育成鸡 肝脏肿大至正常的数倍，质地极脆，一触即破，有散在或较密集的小红点或小白点；脾脏肿大；心脏严重变形、变圆、坏死，心包增厚、扩张，呈黄色不透明，心肌有黄色坏死灶，心脏形成肉芽肿；肠道呈卡他性炎症，盲肠、直肠形成粟粒大小的坏死结节。

（3）成年鸡 成年母鸡主要剖检病变为卵泡变形、变色，有腹膜炎，伴以急性或慢性心包炎；成年公鸡出现睾丸炎或睾丸极度萎缩，输精管管腔增大，充满稠密的均质渗出物。

【中兽医辨证】 该病主症湿热，为致病菌所致的肠道气血阻滞，疫毒之气壅阻肠道，热毒瘀积，湿热郁结于肠。治宜清热燥湿，凉血解毒。

【**预防**】　创建良好的饲养环境，采用全进全出的饲养方式。饲养过程中特别要加强养鸡场兽医卫生管理和生物安全措施，特别是严格执行空舍期鸡舍及养鸡场全部环境的清理和彻底消毒制度，把病原消灭在进场之前。

【**良方施治**】

1. 中药疗法

方1　花椒15克，蜂蜜30克，大黄、甘草各6克，加水200毫升，煎汁100毫升和面粉做成小丸，每只雏鸡每天喂3次，每次1～3丸。也可煎汁2次，浓缩汁为30毫升，每天每只鸡服3～5滴，或者稀释3倍自饮。

方2　白术3克，白芍2克，白头翁1克，混匀，添加到饲料中，每只鸡每天0.5克，连用7天。

方3　鲜乌韭200克，加水500毫升煎汁，供100只鸡饮用，连用3天。

方4　铁苋菜2份，墨旱莲1份，加10倍量水同煮，鸡自由饮用，连服数日。

方5　大蒜、洋葱等份，切成碎末状，让鸡自由采食。

方6　白头翁60克，龙胆草30克，黄连10克，煎水拌料，供200只雏鸡1天服用。

方7　白术、苍术、茯苓等份，共研为末。每只鸡每天0.2～0.5克，连喂10天。

方8　鱼腥草240克，地锦草120克，绵茵陈90克，桔梗90克，马齿苋120克，蒲公英150克，车前草60克，煎汁供1600～2000只雏鸡喂服。

方9　血见愁240克，马齿苋120克，地锦草120克，墨旱莲150克，煎汁拌料或饮水供1500只雏鸡，连用3天。

方10　白头翁、败酱草、蒲公英、紫花地丁等份，煎汤拌料喂服。

2. 西药疗法

方1　硫酸阿米卡星，每500千克饮水中加5～6克，全天饮服3～5天。注意：病情严重者用硫酸阿米卡星按每千克体重10毫克肌内注射，每天2次。

方2　每公斤饲料加入磺胺脒（或磺胺嘧啶）10克（即20片）或磺胺二甲基嘧啶5克（即10片）拌料喂鸡，连用5天；也可用链霉素或氟苯尼考按0.1%～0.2%的比例加入饮水中喂鸡，连用7天。

方 3 25%硫酸卡那霉素注射液按每千克体重10~30毫克1次肌内注射，每天2次，连用2~3天。或者按每升水30~120毫克混饮2~3天。

六、坏死性肠炎

坏死性肠炎又称肠毒血症，是由魏氏梭菌引起的一种急性传染病。主要表现为病鸡排出黑色间或混有血液的粪便，病死鸡以小肠后段黏膜坏死为特征。

【病原】 引起坏死性肠炎的细菌为革兰氏染色阳性，长4.0~8.0微米，宽0.8~1.0微米，两端钝圆的粗短杆菌，单独或成双排列，在自然界中形成芽孢较慢，芽孢呈卵圆形，位于菌体中央或近端，在机体内形成荚膜，是该菌的重要特点，但没有鞭毛，不能运动，在人工培养基上常不形成芽孢。其最适培养基为血液琼脂平板，37℃厌氧培养过夜，便能分离出魏氏梭菌。魏氏梭菌在血液琼脂上形成圆形、光滑的菌落，直径为2~4毫米，周围有两条溶血环，内环呈完全溶血，外环不完全溶血（多用兔血、绵羊血）。

可用鉴别培养基进行魏氏梭菌的鉴定。魏氏梭菌能发酵葡萄糖、麦芽糖、乳糖和蔗糖，不发酵甘露醇，不稳定发酵水杨苷。主要糖发酵产物为乙酸、丙酸和丁酸。液化明胶，分解牛乳，不产生吲哚，在卵黄琼脂培养基上生长显示可产生卵磷脂酶，但不产生脂酶。毒素与抗毒素的中和试验可用于鉴定魏氏梭菌毒素的型别。

A型魏氏梭菌产生的α毒素，C型魏氏梭菌产生的α、β毒素，是引起感染鸡肠黏膜坏死这一特征性病变的直接原因。这两种毒素均可在感染鸡的粪便中发现。试验证明，由A型魏氏梭菌肉汤培养物上清液中获得的α毒素可引起普通鸡及无菌鸡的肠病变。除此之外，该菌还可产生纤维蛋白溶酶、透明质酸酶、胶原蛋白水解酶和DNA酶等，它们与组织的分解、坏死、产气、水肿及病变扩大和全身中毒症状有关。

【临床症状】 2周到6个月的鸡常发生坏死性肠炎，尤以2~5周龄散养肉鸡为多。临床症状可见到精神沉郁，食欲减退，不愿走动，羽毛蓬乱，病程较短，常呈急性死亡。

【病理变化】 病变主要在小肠后段，尤其是回肠和空肠部分，盲肠也有病变。肠壁脆弱、扩张、充满气体，内有黑褐色肠容物（彩图2-6-1）。肠黏膜上附着疏松或致密的黄色或绿色的伪膜（彩图2-6-2），有时可出现肠壁出血。病变呈弥漫性，并有病变形成的各种阶段性景象。实验感染病变显示，感染后 3 小时十二指肠呈现肠黏膜增厚、肿胀，充血；感染后 5 小时肠黏膜发生坏死，并随病程进展表现严重的纤维素性坏死，继之出现白喉样的伪膜。肝脏充血肿大，有不规则的坏死灶（彩图 2-6-3）。

【鉴别诊断】 要注意与溃疡性肠炎相区别。溃疡性肠炎的病原是肠道梭菌，其主要病变表现在肝脏、脾脏和肠道，肝脏一般肿大，表面有大小不等的黄色或灰白色的坏死灶，脾脏肿大，有瘀血，打开腹腔后一般闻不到腐臭味。而坏死性肠炎的主要病变表现在小肠，肝脏和脾脏几乎没有病变。

【中兽医辨证】 该病为胃肠运化功能受到影响，温热邪毒，蕴积肠道，壅遏气血，灼伤阴络。治宜清热解毒、清热凉血。

【预防】 加强饲养管理，搞好鸡舍的卫生，及时清除粪便和通风换气。合理储藏动物性蛋白质饲料，防止有害菌的大量繁殖。在饲料中添加中药制剂妙效肠安，饮水中加入益肠安、氨苄青霉素（氨苄西林），连用 3～5 天。

建立严格的消毒制度。鸡体喷雾消毒：可用 0.5% 强力消毒灵（复合酚类环境消毒剂，含有酚类、酸类和表面活性剂等多种成分）或 0.015% 百毒杀［10% 癸甲溴铵溶液（双链季铵盐化合物）］日常预防带鸡消毒，0.025% 百毒杀用于发病季节的带鸡消毒，1 周 2 次。饮水消毒：菌毒净和百毒杀在蛋和肉中无残留，可用于饮水消毒。用具消毒：每天对所用过的托盘、料桶、水桶和饮水器等饲养器具，用 0.01% 菌毒清或 0.01% 百毒杀或 0.05% 强力消毒灵液洗刷干净，晾干备用。

【良方施治】

1. 中药疗法

黄芪 200 克，金银花 200 克，大蒜 250 克，甘草 100 克，诸药混合制成粉，然后将药粉加入 1000 毫升醋中浸泡 1 小时，按每只鸡 3～5 克均匀拌入饲料饲喂，每天 3 次，连用 3～5 天。

2. 西药疗法

方1 1 千克饲料中拌入 15 毫克杆菌肽和 70 毫克盐霉素。2 周龄以内的雏鸡，100 升饮水中加入阿莫西林（羟氨苄青霉素）15 克，每天 2 次，每次 2～3 小时，连用 3～5 天。

方2 应用克林霉素 30 毫克/千克皮下注射，每天 2 次，连用 3 天。

方3 应用林可霉素（洁霉素）30 毫克/千克，每天 1 次，连用 3 天。

方4 应用青霉素，雏鸡每只每次2000国际单位，成年鸡每只每次2万～3万国际单位，混料或饮水，每天2次，连用3～5天。

方5 应用杆菌肽，雏鸡每只每次0.6～0.7毫克，青年鸡每只每次3.6～7.2毫克，成年鸡每只每次7.2毫克，拌料，每天2～3次，连用5天。

方6 应用红霉素，每天每千克体重15毫克，分2次内服；或者拌料，每千克饲料加0.2～0.3克，连用5天。

七、葡萄球菌病

葡萄球菌病是由致病性金黄色葡萄球菌引起的一种急性或慢性非接触性传染病。

【病原】 典型的葡萄球菌为圆形或卵圆形，直径为0.7～1.0微米，常单个、成对或葡萄状排列。在固体培养基上生长的细菌呈葡萄状，致病性菌株的菌体稍小，并且各个菌体的排列和大小较为整齐。该菌易被碱性染料着色，革兰氏染色阳性。衰老、死亡或被中性粒细胞吞噬的菌体为革兰氏阴性菌。无鞭毛，无荚膜，不产生芽孢。该菌对外界的抵抗力较强，在60℃需30分钟才能将其杀灭，常用的消毒药以3%～5%石炭酸杀菌效果最好。该病以40～60日龄鸡发病最多。

【临床症状】 该病主要有以下几种类型：

（1）急性败血型 病鸡出现全身症状，精神不振或沉郁，不爱跑动，常呆立一处或蹲伏，两翅下垂，缩颈，眼半闭呈嗜睡状。羽毛蓬松零乱，无光泽。病鸡饮欲、食欲减退或废绝。少部分病鸡下痢，排出灰白色或黄绿色稀粪。胸腹部甚至波及嗉囊周围、大腿内侧皮下浮肿，潴留数量不等的血样渗出液体，外观呈紫色或紫褐色，有波动感，局部羽毛脱落，或者用手一摸即可脱掉（彩图2-7-1）。其中有的病鸡可见自然破溃，流出茶色或紫红色液体，与周围羽毛粘连，局部污秽，有部分病鸡在头颈、翅膀背侧及腹面、翅尖、尾、脸、背及腿等不同部位的皮肤出现大小不等的出血、炎性坏死，局部干燥结痂，暗紫色，无毛；早期病例，局部皮下湿润呈暗紫红色，溶血、糜烂。以上表现是葡萄球菌病常见的病型，多发生于中雏，病鸡在2～5天死亡，快者1～2天呈急性死亡。

（2）关节炎型 病鸡可见到关节炎症状，多个关节炎性肿胀，特别是趾、跗关节肿大为多见，呈紫红色或紫黑色，有的见破溃，并结成污黑色痂。有的出现趾瘤，脚底肿大，有的趾尖发生坏死，黑紫色，较干涩。发生关节炎的病鸡表现跛行，不喜站立和走动，多伏卧，一般仍有饮食欲，但多因采食困难、饥饱不匀，病鸡逐渐消瘦，最后衰弱死亡，尤其在大群饲养时最为明显。该型病程多为 10 余天。有的病鸡趾端坏疽、干脱。如果发病鸡群有鸡痘流行，部分病鸡还可见到鸡痘的病状。

（3）脐带炎型 该型是孵出不久雏鸡发生脐炎的一种葡萄球菌病的病型，对雏鸡造成一定危害。由于某些原因，鸡胚及新出壳的雏鸡脐环闭合不全，葡萄球菌感染后，即可引起脐炎。病鸡除一般病状外，可见腹部膨大，脐孔发炎肿大，局部呈紫黑色，质稍硬，间有分泌物，俗称"大肚脐"。患脐炎的鸡可在出壳后 2～5 天死亡。

（4）眼型 该型是 1987 年在国内首次见到的一种病型，除在败血型发生后期出现，也可单独出现。其临诊表现为上下眼睑肿胀，闭眼，有脓性分泌物粘闭。眼型发病鸡数占病鸡总数的 30% 左右，占总死亡数 20% 左右。

【病理变化】

（1）急性败血型 特征的肉眼变化是胸部的病变，可见死鸡胸部、前腹部羽毛稀少或脱毛，皮肤呈紫黑色且浮肿。剪开皮肤可见整个胸、腹部皮下充血、溶血，呈弥漫性紫红色或黑红色，积有大量胶冻样粉红色或黄红色水肿液，水肿可延至两腿内侧、后腹部，前达嗉囊周围，但以胸部为多。同时，胸腹部甚至腿内侧见有散在出血斑点或条纹，特别是胸骨柄处肌肉弥散性出血斑或出血条纹为重，病程久者还可见轻度坏死。肝脏肿大，浅紫红色，有花纹或斑驳样变化，小叶明显，病程稍长的病例的肝脏上还可见数量不等的脓性白色坏死点（彩图 2-7-2）。脾脏也见肿大，紫红色，病程稍长的病例也有白色坏死点。腹腔脂肪、肌胃浆膜等处，有时可见紫红色水肿或出血。心包积液，呈黄红色半透明状。心冠状沟脂肪及心外膜偶见出血。有的病例还见肠炎变化。腔上囊无明显变化。在发病过程中，也有少数病例无明显眼观病变，但可分离出病原。

（2）关节炎型 可见关节炎和滑膜炎。某些关节肿大，滑膜增厚，充血或出血，关节囊内有或多或少的浆液，或有浆性纤维素性渗出物。病程较长的慢性病例，后期关节变成干酪样性坏死，甚至关节周围结缔组织增生及畸形。

（3）脐带炎型 幼雏以脐炎为主的病例，可见脐部肿大，紫红色或紫黑色，有暗红色或黄红色液体，时间稍久则为脓样干固坏死物。肝脏有出血点。卵黄吸收不良，呈黄红色或黑灰色，液体状或内混絮状物。病鸡体表不同部位见皮炎、坏死，甚至坏疽变化。

（4）眼型 眼结膜红肿，眼内有大量分泌物，并见有肉芽肿。病程较长的病例，眼球下陷，之后可见失明（彩图2-7-3）。

【中兽医辨证】 热结下焦之血淋、尿血。嗳气呃逆诸证，宜泻热平嗳，凉血止血，利水通淋。

【预防】 葡萄球菌病是一种环境性疾病，为预防该病的发生，主要是做好经常性的预防工作。搞好鸡舍卫生及消毒工作，做好鸡舍、用具、环境的清洁卫生及消毒工作，这对减少环境中的含菌量，消除传染源，降低感染机会，防止该病的发生有十分重要的意义。

加强饲养管理，喂给必需的营养物质，特别要供给足够量的维生素和矿物质；鸡舍内要适时通风，保持干燥；鸡群不易过大，避免拥挤；有适当的光照；适时断喙，防止互啄现象。

【良方施治】

1. 中药疗法

方1 鱼腥草18克，连翘9克，大黄8克，黄柏10克，白及9克，地榆9克，知母6克，菊花18克，当归8克，茜草9克，混匀，在饲料中添加，每只鸡每天1～2克。连用4天为1个疗程。

方2 加味三黄汤：黄芩、黄连叶、焦大黄、黄柏、板蓝根、茜草、大蓟、车前子、神曲、甘草等份。按每只鸡每天2克煎汁拌料，每天1剂，连喂3天。

方3 四黄小蓟饮：黄连、黄芩、黄柏各100克，大黄、甘草各50克，小蓟400克，连煎3次，得药液约5000毫升，供1600只雏鸡自饮，每天1剂，连喂3天。

方4 金荞麦散：金荞麦，以2%的比例拌料，连喂3～5天。预防，以0.1%比例拌料连喂3天。

方5 鱼腥草、麦芽各90克，连翘、白及、地榆、茜草各45克，大黄、当归各40克，黄柏50克，知母30克，菊花80克，粉碎混匀，按每只鸡每天3.5克拌料，4天为1个疗程。

方6 金蒲散：蒲公英150克，野菊花、黄芩、紫花地丁、板蓝根、当归各100克，共研为末，混匀，按1.5%的比例混入饲料内，分3次给药，每次1周，两次间隔1周，从22日龄开始用药，直到56日龄，用于预防雏鸡葡萄球菌病。

方7 金银花 100 克，连翘 100 克，防风 60 克，白芷 40 克，蝉蜕 60 克，知母 70 克，天花粉 80 克，黄连 40 克，木通 40 克，丹皮 60 克，地黄 60 克，乳香 40 克，没药 40 克，陈皮 50 克，甘草 40 克，煎汁供 300 只鸡饮服。

方8 黄连、黄柏、焦大黄、黄芩、板蓝根、茜草、大蓟、车前子、神曲、甘草等份，研磨为粉，按 3% 的比例拌料喂服。以上为 100 只鸡 1 天的用量，连用 3 ~ 5 天。

方9 金银花 2 克，连翘、栀子、甘草各 0.5 克，紫花地丁 1 克，以上为 1 只鸡 1 天的用量，水煎分 2 次饮用。

方10 雄连散：黄连、黄芪、金银花、大青叶、雄黄等适量，共研为末，按每鸡每天每千克体重 1 ~ 2 克，拌料或饮水，连用 3 天。

2. 西药疗法

方1 庆大霉素：如果发病鸡数不多，可用硫酸庆大霉素针剂，按每只鸡每千克体重 3000 ~ 5000 单位肌内注射，每天 2 次，连用 3 天。

方2 卡那霉素：硫酸卡那霉素针剂，按每只鸡每公斤体重 1000 ~ 1500 单位肌内注射，每天 2 次，连用 3 天。

方3 磺胺类药物：磺胺嘧啶、磺胺二甲基嘧啶按 0.5% 的比例加入饲料喂服，连用 3 ~ 5 天，或者用其钠盐，按 0.1% ~ 0.2% 的比例溶于水中，供饮用 2 ~ 3 天。磺胺-5-甲氧嘧啶（磺胺对甲氧嘧啶）或磺胺-6-甲氧嘧啶（磺胺间甲氧嘧啶）按 0.3% ~ 0.5% 的比例拌料，喂服 3 ~ 5 天。0.1% 磺胺喹噁啉拌料喂服 3 ~ 5 天。或者用磺胺增效剂（TMP）与磺胺类药物按 1:5 的比例混合，以 0.02% 的比例混料喂服，连用 3 ~ 5 天。

方4 氟苯尼考，以 0.1% 的比例拌料。

方5 氟哌酸（诺氟沙星），以 0.04% 的比例拌料。

八、慢性呼吸道病

慢性呼吸道病是由支原体引起的一种呼吸道疾病。

【病原】 该病又称鸡败血霉形体病、鸡败血支原体病，其病原是败血支原体，一般呈球杆状。该菌属于好氧和兼性厌氧菌，需在含 10% ~ 15% 的鸡、猪或马血清培养基上生长，菌落似乳头状或如"煎蛋状"。45℃ 20 分钟可杀灭支原体，但该病原在低温下可存活较长时间。支原体对青霉素、磺胺类药物有抵抗力，但对链霉素、红霉素、泰乐菌素和利高霉素敏感。

【临床症状】 潜伏期为 4 ~ 21 天。主要症状表现为流鼻涕、咳嗽、窦炎、结膜炎（彩图 2-8-1）及气囊炎，呼吸时有啰音，生长停滞。雏鸡感染后发病症状明显，早期出现咳嗽、流鼻涕、打喷嚏、气喘、呼吸道啰音等，后期若发生副鼻旁窦炎和眶下窦炎时，可见眼睑部乃至整个颜面部肿胀，部分病鸡眼睛流泪，有泡沫样的液体。后期鼻腔和眶下窦中蓄积渗出物，引起一侧或两侧眼睑肿胀、发硬，分泌物覆盖整个眼睛，造成失明。成年鸡的症状与雏鸡的症状基本相似，但较缓和，症状不明显；产蛋鸡主要表现为产蛋率下降，种蛋的孵化率明显降低，弱雏率上升。该病传播较慢，病程长达 1 ~ 6 个月或更长，但在新发病的鸡群中传播较快。鸡群一旦感染很难净化。

【病理变化】 病鸡的呼吸道、窦腔、气管和支气管发生卡他性炎症，渗出液增多（彩图 2-8-2）。发病初期，气囊上出现泡沫状液体（彩图 2-8-3）；发病中期，气囊上有白色干酪样物（彩图 2-8-4）；发病后期，气囊壁增厚，不透明，囊内常有黄色干酪样分泌物（彩图 2-8-5）。气囊变化严重的病例可见纤维素性肝周炎和心包炎同气囊炎一道发生（彩图 2-8-6）。鼻道、眶下窦黏膜水肿、充血、肥厚或出血。窦腔内充满黏液或干酪样渗出物。

【鉴别诊断】 该病剖检出现的心包炎、肝周炎和气囊炎（俗称"三炎"或"包心包肝"）病变与鸡大肠杆菌病、鸡痛风的剖检病变相似，应注意区别。

【中兽医辨证】 该病属外感火热之邪或风寒之邪，郁而化热，肺气宣降失常；肺脏积热，煎津成痰，阻于气道，肺气不利，故咳嗽气喘，鼻流稠涕，用清肺降火，化痰止咳的原则治疗。

【预防】 落实各项生物安全措施，包括良好的卫生和消毒，做好舍与舍、场与场间的隔离。采用全进全出的饲养方式，根据不同品种、不同生长阶段，提供营养全面的优质日粮。为鸡群提供洁净的饮水、适宜的温湿度、适当的通风、干洁的垫料、清新的空气和合适的饲养密度。深埋或焚烧病死鸡。

【良方施治】

1. 中药疗法

方 1 麻黄 100 克、杏仁 50 克、石膏 50 克、桔梗 25 克、黄芩 150 克、连翘 25 克、金银花 25 克、金荞麦根 200 克、牛蒡子 25 克、穿心莲

100 克、甘草 100 克，共研为末，混匀。治疗按每只鸡每次 0.5～1.0 克拌料饲喂，连用 5 天。预防按上述剂量每隔 5 天投药 1 次，共投药 5～8 次，拌料饲喂。

方 2　石膏 150 克，麻黄 150 克，杏仁 80 克，黄芩、连翘、金银花、菊花、穿心莲各 100 克，甘草 50 克，将上述药物粉碎，混匀，雏鸡每只每天 0.5～1.0 克，成年鸡每只每天 1.0～2.0 克，连用 5～7 天。

方 3　辛夷、防风、薄荷各 6 克，陈皮、白芷、桔梗各 5 克，藿香、荆芥各 10 克，茯苓、黄芩各 12 克，苍耳子 9 克，供 200 只雏鸡的用量，煎汤自饮。将所有药物用沸水冲泡，凉后拌料，每天最后 1 次喂料时，将 1 天的药量全部喂服。

方 4　石决明、草决明、黄药子、白药子、黄芩、陈皮、苍术、桔梗各 50 克，栀子、郁金、龙胆草、焦三仙各 40 克，鱼腥草 100 克，紫苏叶 70 克，紫菀 85 克，大黄、苦参、甘草各 45 克，共研为末，每只每天服 2.5～3.5 克，连用 3 天。

方 5　金银花、蒲公英、黄连、苏子各 1 克，煎水，供每只鸡饮 6～8 天。

方 6　桔梗、金银花、菊花、麦冬各 30 克，黄芩、麻黄、杏仁、贝母、桑白皮各 25 克，石膏 20 克，甘草 10 克，水煎取汁，兑水供 500 只雏鸡饮用。

方 7　金荞麦 60 克，鱼腥草 40 克，麻黄 20 克，桔梗 30 克，野菊花 50 克，桂枝 30 克，黄芩、半夏、天南星各 15 克，共研为末，按 3% 的比例拌料饲喂。120 只鸡 1 天的用量，连用 3～5 天。

方 8　甜杏仁 30 克，桔梗 60 克，甘草 30 克，半夏 30 克，枇杷叶 50 克，水煎，供 500 只雏鸡服用。

方 9　大青叶、侧耳根、板蓝根各 100 克，银花藤、连翘、青蒿、法半夏、桔梗各 60 克，石菖蒲 20 克，樟脑 0.3～0.5 克，水煎取汁，拌料喂服。200 只鸡 1 天的用量，连用 3～5 天。

方 10　青黛 10 克，板蓝根 40 克，山豆根 40 克，紫菀 30 克，款冬花 20 克，桔梗 40 克，荆芥 30 克，防风 30 克，冰片 2.5 克，硼砂 20 克，杏仁 30 克，石膏 100 克，按 1% 的比例拌料喂服。

2. 西药疗法

方 1　红霉素 100 毫克，加入 1 千克水中饮服，连饮 5～7 天。也可以用大观霉素（壮观霉素），肌内注射为每千克体重 30 毫克，连用 3 天；饮水为 31 毫克/升，连饮 4~7 天。

　　方 2　链霉素 5 万~10 万国际单位，注射用水适量，以上为 1 次肌内注射的药量，每天 2 次，连用 3 天。

　　方 3　螺旋霉素 400 毫克/千克或泰乐菌素 500~800 毫克/千克，饮水，连饮 3 天。

　　方 4　环丙沙星或恩诺沙星 50 毫克/千克饮水，支原净 250 毫克/千克饮水。或用泰乐菌素以 0.1% 的比例拌料；多西环素（强力霉素）以 0.01%~0.02% 的比例拌料；氟苯尼考以 0.025%~0.04% 的比例拌料投喂。

九、传染性鼻炎

　　传染性鼻炎是由副鸡嗜血杆菌所引起鸡的急性呼吸系统疾病。

　　【病原】　副鸡嗜血杆菌最新的生物学分类定为巴氏杆菌科禽杆菌属副鸡禽杆菌，呈多形性。在初分离时为一种革兰氏阴性的小球杆菌，两极染色，不形成芽孢，无荚膜，无鞭毛，不能运动。24 小时的培养物，菌体为杆状或球杆状，大小为（0.4~0.8）微米 ×（1.0~3.0）微米，并有成丝的倾向。培养 48~60 小时后发生退化，出现碎片和不规则的形态，此时将其移到新鲜培养基上可恢复典型的杆状或球杆状。

　　该菌为兼性厌氧菌，在含 10% 的大气条件下生长较好。对营养的需求较高，早期的报告认为既需要 X 因子 [氯高铁血红素（hematin）]，也需要 V 因子 [烟酰胺腺嘌呤二核苷酸（NAD）]。但是，近来的分离菌株已证明只需要 V 因子。鲜血琼脂或巧克力琼脂可满足该菌的营养需求。经 24 小时培养后，在琼脂表面形成细小、柔嫩、透明的针尖状小菌落，不溶血。该菌可在血琼脂平板每周继代移植保存，但在 30~40 次继代移植后失去毒力。有些细菌，如葡萄球菌在生长过程中可排出 V 因子。因此，副鸡嗜血杆菌在葡萄球菌菌落附近可长出一种卫星菌落。若把副鸡嗜血杆菌均匀涂布在 2% 蛋白胨琼脂平板上，再用葡萄球菌做一直线接种，则在接种线的边缘有副鸡嗜血杆菌生长，这可作为一种简单的初步鉴定。若用含 5%~10% 鸡血清的糖发酵管，可测定该菌的生化特性。

　　该菌的抵抗力很弱，培养基上的细菌在 4℃ 时能存活 2 周，在自然环境中数小时即死。对热及消毒药也很敏感，在 45℃ 存活不过 6 分钟，在真空冻干条件下可以保存 10 年。

【**临床症状**】 鼻腔和鼻旁窦发生炎症的病例，常仅表现眶下窦肿胀，鼻腔流稀薄清液（彩图2-9-1），常不令人注意。一般常见症状为鼻孔先流出清液，以后转为浆液黏性分泌物，有时打喷嚏。脸肿胀或显示水肿、眼结膜炎、眼睑肿胀。食欲及饮水减少，或有下痢，体重减轻。病鸡精神沉郁，面部浮肿（彩图2-9-2），缩头，呆立。仔鸡生长不良，成年母鸡产卵减少；公鸡肉髯常见肿大增厚（彩图2-9-3）。如果炎症蔓延至下呼吸道，则呼吸困难，病鸡常摇头欲将呼吸道内的黏液排出，并有啰音。咽喉也可积有分泌物的凝块。最后病鸡常窒息而死。

【**病理变化**】 育成鸡发病死亡较少。主要病变为鼻腔和眶下窦黏膜出现急性卡他性炎症，黏膜充血肿胀，表面覆有大量黏液，窦内有渗出物凝块，后成为干酪样坏死物（彩图2-9-4）。常见卡他性结膜炎，结膜充血肿胀。脸部及肉髯皮下水肿甚至坏死（彩图2-9-5）。严重时可见气管黏膜炎症，偶有肺炎及气囊炎。

【**鉴别诊断**】 应注意将该病的呼吸道症状与慢性呼吸道病、传染性支气管炎、传染性喉气管炎等表现的类似症状进行鉴别诊断。此外，由于鸡传染性鼻炎经常以混合感染的形式发生，诊断时还应考虑其他细菌、病毒并发感染的可能性。

【**中兽医辨证**】 该病热瘀积肺，气血不通，宜辛散风热、化痰利湿、通鼻开窍。

【**预防**】 加强饲养管理。饲喂全价配合饲料，保证营养物质的供应，尤其是维生素和微量元素的供给，以增强鸡体的抗病力。寒冷季节做好鸡舍的防寒保暖工作。合理调整饲养密度，加强通风换气，确保空气质量。定期对鸡舍、地面及用具进行消毒。

【**良方施治**】

1. 中药疗法

方1 金银花10克，板蓝根6克，白芷25克，防风15克，苍耳子15克，苍术15克，甘草8克，黄芩6克，烘干碾细，成年鸡每只每次1.0～1.5克，每天2次，拌料喂服。

方2 白芷、防风、益母草、乌梅、茯苓、诃子、泽泻各100克，辛夷、桔梗、黄芩、半夏、生姜、甘草各80克，粉碎后按3%的比例拌料喂食，315只鸡1天的用量，连服9天。

方3 白芷25克，金银花10克，板蓝根6克，黄芩6克，防风15克，苍耳子15克，苍术15克，甘草8克，共研为细末，按每只鸡1克拌料喂服，每天 2 次，连用 5 天。

方 4　白芷、防风、益母草、乌梅、茯苓、泽泻各 100 克，辛夷、桔梗、黄芩、半夏、生姜、甘草各 80 克，粉碎，混匀，每 100 只鸡分 3 天用完。

方 5　黄连 30 克，黄芩 70 克，栀子 40 克，连翘 40 克，菊花 30 克，薄荷 30 克，葛根 30 克，大黄 30 克，玄参 30 克，天花粉 30 克，川芎 25 克，当归 25 克，姜黄 20 克，桔梗 30 克，粉碎，混匀，按 1% 的比例拌料。

方 6　金银花 10 克，板蓝根 6 克，白芷 2.5 克，防风 15 克，苍耳子 15 克，苍术 15 克，甘草 8 克，黄芩 6 克，烘干碾细，50 只鸡拌料喂服。

2. 西药疗法

方 1　磺胺二甲基嘧啶，按 0.2% 的比例拌入饲料中喂服，连用 3 ~ 4 天。

方 2　链霉素，每只鸡肌内注射 10 万 ~ 20 万国际单位，每天 1 次，连用 3 天。

方 3　红霉素，按 0.2% ~ 0.4% 的比例加入饮水中，连用 3 ~ 5 天。

方 4　土霉素，按 0.1% ~ 0.2% 的比例拌入饲料中喂服，连用 3 ~ 5 天。

十、禽曲霉菌病

禽曲霉菌病是真菌中的曲霉菌引起的多种禽类的真菌性疾病，主要侵害呼吸器官。各种禽类均易感，但以幼禽多发，常见急性、群发性暴发，发病率和死亡率较高，成年禽多为散发。该病的特征是在肺脏及气囊发生炎症和形成肉芽肿结节，偶见于眼、肝脏、脑等组织，故又称曲霉菌性肺炎。

【病原】　曲霉菌为需氧菌，在沙堡氏、马铃薯等培养基上生长良好，形成特征性菌落。曲霉菌在自然界适应能力很强，一般冷、热、干、湿的条件下均不能破坏其孢子的生存能力，煮沸 5 分钟才能将其杀死。一般的消毒药必须经 1 ~ 3 小时才能使其灭活。

【临床症状】　自然感染的潜伏期为 2 ~ 7 天，人工感染为 24 小时。1 ~ 20 日龄雏鸡常呈急性经过，成年鸡呈慢性经过。

雏鸡开始减食或不食，精神沉郁，不爱走动，翅膀下垂，羽毛松乱，呆立一隅，闭目、嗜睡状，对外界反应淡漠。呼吸困难，呼吸次数增加，气喘，病鸡头颈伸直，张口呼吸，若将雏鸡放于耳旁，可听到沙哑的水泡声响，有时摇头、甩鼻、打喷嚏，有时发出咯咯声。少数病鸡，还从眼、鼻流出分泌物。后期，还可出现下痢症状。最后倒地，头向后弯曲，昏睡死亡。病程在1周左右。如果不及时采取措施，或发病严重时，死亡率可达50%以上。

慢性多见于成年鸡或青年鸡，主要表现为生长缓慢，发育不良，羽毛松乱、无光，喜呆立，逐渐消瘦、贫血，严重时呼吸困难，最后死亡。产蛋鸡则产蛋减少，甚至停产，病程达数周或数月。

【病理变化】　病理变化主要在肺脏和气囊上，肺脏可见散在的粟粒至绿豆大小的黄白色或灰白色的结节，质地较硬（彩图2-10-1），有时气囊壁上可见大小不等的干酪样结节或斑块（彩图2-10-2）。随着病程的发展，气囊壁明显增厚，干酪样斑块增多、增大，有的融合在一起。发病后期可见干酪样斑块上及气囊壁上形成灰绿色霉菌斑。严重病例的腹腔、浆膜、肝脏或其他部位表面有结节或圆形灰绿色斑块。

【鉴别诊断】　该病出现的张口呼吸、呼吸困难等与传染性支气管炎、新城疫、鸡大肠杆菌病、支原体病等出现的症状类似，注意鉴别。

【中兽医辨证】　细菌入血侵肝，致肝调畅气血失职、失控神志，不得常态。肺主肃降，肝主生发，两者共谋气机调畅，肺、肝两脏失去功能，致气机升降不能畅通，必产生病证。宜止渴生津，温胃散寒，温经通络，理气顺气。

【预防】　经常更换垫料，避免垫料发霉定期用过氧乙酸消毒：将0.3%过氧乙酸按每立方米30毫升喷洒地面、墙壁和顶棚，或者用1‰硫酸铜溶液处理垫料。

不饲喂霉变饲料。选用优质饲料，饲料存放时间最好是冬季不超过7天，夏季不超过3天，上料时要保证每天有1次净料后再添新料，并且饮水器或水槽每天用0.1%高锰酸钾溶液清洗、消毒1遍。

注意舍内小气候。在保证舍内温度的基础上，及时排出氨气、硫化氢等有害气体，保证舍内空气新鲜。

【良方施治】

1. 中药疗法

方1　鱼腥草100克，蒲公英50克，300只鸡1天的用量。用法：将以上两味药煎汤去渣取汁，盛入饮水器中代替饮水，连喂2周。同时，肌内注射鱼腥草注射液，每只鸡每次 0.3 毫升，每天 1 次，连用 7 天。

方 2　鱼腥草 300 克，蒲公英 180 克，葶苈子 90 克，黄芩 90 克，苦参 90 克，1500 只雏鸡的用量，粉碎并混匀，每只鸡每次 0.1 克拌料饲喂，每天 3 次，连服 3 天。

方 3　金银花 30 克，连翘 30 克，炒莱菔子 30 克，丹皮 15 克，黄芩 15 克，柴胡 18 克，知母 18 克，桑白皮 12 克，枇杷叶 12 克，生甘草 12 克，将诸药煎汤取汁 1000 毫升，每天 4 次拌料喂服，重者滴管灌服，每只鸡 0.5 毫升。每天 1 剂，以上为 400 只鸡 1 天的用量，连用 4 剂。

方 4　按鸡群正常采食量计算，在饲料中加大蒜 5%，连喂 5～7 天。当天喂完，以免过夜产生异味。

方 5　桔梗 250 克，蒲公英、鱼腥草、苏叶各 500 克，水煎取汁，为 3500 只鸡的用量，用药液拌料喂服，每天 2 次，连用 1 周。

方 6　鱼腥草、蒲公英各 60 克，舒筋草 15 克，海螺 30 克，桔梗 15 克，加水煎汁，供 400 只鸡饮水。

方 7　鱼腥草 360 克，蒲公英 180 克，黄芩 90 克，桔梗 90 克，葶苈子 90 克，苦参 90 克，混合并粉碎，按 3% 的比例拌料喂服。1800 只鸡 1 天的用量，连用 3～5 天。

方 8　红糖 500 克，车前草 800 克，加水煎汁并拌料喂服。1600 只鸡 1 天的用量，连用 3～5 天。

方 9　桔梗、紫苏各 5 克，柴胡、薄荷各 10 克，麻黄、甘草各 2.5 克，煎汁喂服。70 只鸡 1 天的用量，连用 3～5 天。

2. 西药疗法

方 1　制霉素片，每千克饲料拌入 50 万单位，喂服 5～7 天。

注意

健康雏鸡减半，重症者加倍应用。

方 2　大蒜素，每千克拌料 1000 千克，连用 5～7 天。

方 3　霉脱净，每千克拌料 1000 千克，连用 5～7 天。

方 4　硫酸铜，1:3000 的比例稀释，全群饮水，连饮 3～5 天。

方 5　恩诺沙星或环丙沙星，25～50 毫克/千克拌料，以防继发感染。

十一、念珠菌病

念珠菌病又叫消化道真菌病、鹅口疮、霉菌性口炎或鸡白色念珠菌病，是由念珠菌引起的消化道真菌病，主要发生于鸡或火鸡。

【病原】　该病的病原是一种类酵母状的真菌，称为白色念珠菌。在培养基上菌落呈白色金属光泽。菌体小，椭圆形，能够长芽，伸长而形成假菌丝。革兰氏染色阳性，但着色不甚均匀。病鸡的粪便中含有大量病菌，在病鸡的嗉囊、腺胃、肌胃、胆囊及肠内都能分离出病菌。白色念珠菌在自然界广泛存在，可在健康畜禽及人的口腔、上呼吸道和肠道等处寄居。各地不同的禽类分离的菌株的生化特性有较大差别。该菌对外界环境及消毒药有很强的抵抗力。该菌主要通过消化道传染，还可通过蛋壳传染。

【临床症状】　从育雏转到中鸡期间，发现部分雏鸡嗉囊稍胀大，但精神、采食及饮水都正常。触诊嗉囊柔软，压迫病鸡鸣叫、挣扎，有的病鸡从口腔内流出嗉囊中的黏液样内容物，有的病鸡将嗉囊中的液体吐到料槽中。随后胀大的嗉囊越来越明显，病鸡的精神、饮水、采食仍基本正常，很少死亡，但生长速度明显减慢，肉鸡多在 40～50 日龄逐渐消瘦而死亡或被淘汰，而蛋鸡在采取适当的治疗后可痊愈。有的病鸡在眼睑、口角部位出现痂皮，病鸡绝食和断水 24 小时后，嗉囊增大的症状可消失，但再次采食和饮水时又可增大。

【病理变化】　病鸡的嗉囊增大，消瘦；口腔、咽、食道黏膜形成溃疡斑块，有乳白色干酪样伪膜，易刮落（彩图 2-11-1）；嗉囊有严重病变，黏膜粗糙并增厚，表面有隆起的芝麻粒乃至绿豆大小的白色圆形坏死灶，重症鸡的黏膜表面形成白色干酪样伪膜，伪膜易剥离似豆腐渣样，刮下伪膜留下红色凹陷基底；个别死雏肾肿色白，输尿管变粗，内积乳白色尿酸盐；其他脏器无特异性变化。少数病鸡出现胃黏膜肿胀、出血和溃疡，颈胸部皮下形成肉芽肿。

病理组织学检查在嗉囊黏膜病变部位，上皮细胞间散在大量圆形或椭圆形孢子，尚见少数分枝分节、大小不一的酵母样假菌丝。

在鸡病诊治的过程中，发现念珠菌病的发生较为普遍，但在剖检过程中多数兽医临床工作者往往忽视检查嗉囊这一器官而造成误诊或漏诊。传统文献没有说明或报道过念珠菌病有肾脏病变的出现，但在剖检病雏的过程中发现 95% 以上的病雏肾脏及输尿管均有明显的病变，该病变是原发性还是继发性有待进一步的探讨与研究。

【鉴别诊断】 该病出现的肾脏病变和少数病死鸡的腺胃病变在临床诊断中常易误诊为传染性腺胃炎、雏鸡病毒性肾炎、鸡肾型传染性支气管炎，霉菌毒素或药物引起的尿毒症、亚临诊型新城疫等，需仔细鉴别。

此外，该病的发生能抑制各种疫苗产生的抗体，影响多种治疗药物产生疗效，导致目前所出现的呼吸道病、腹泻病难以治疗，或者从临床上看似禽流感、新城疫、法氏囊，但治疗及用药都不能达到理想的情况。

【中兽医辨证】 风湿热侵袭皮肤，蕴积生虫所致。宜清热燥湿，解毒，除湿。

【预防】 改善卫生条件，减少应激因素，加强饲养管理。防止饲料霉变。种蛋孵化前用消毒药浸洗消毒。垫料要干燥，定期更换。

【良方施治】

1. 中药疗法

方 1 鱼腥草 50 克，蒲公英 30 克，盘古草 20 克，桔梗 20 克，山海螺 10 克，穿心莲 20 克，金银花 30 克，龙胆草、大黄、黄柏、甘草各 20 克，将药物粉碎，按 1% ~ 2% 的比例拌料投喂 2 ~ 3 天即可。

方 2 黄柏、黄芩、紫荆皮、花椒、石榴皮、苦参、白鲜皮各 30 克，地肤子、藿香、蛇床子、羌活各 10 克，千里光 15 克，粉碎，按 3% 的比例拌料饲喂。70 只鸡 1 天的用量，连用 3 ~ 5 天。

2. 西药疗法

方 1 每千克饲料中添加 220 毫克制霉菌素拌料喂服，连喂 5 天。

方 2 每千克饲料中添加 100 毫克制霉菌素拌料喂服，饮水中加入 0.02% 结晶紫，连喂 3 天。

第三章

寄生虫病

一、鸡球虫病

鸡球虫病是由艾美耳属的球虫（主要是柔嫩艾美耳球虫、巨型艾美耳球虫、堆型艾美耳球虫和毒害艾美耳球虫）寄生于肠道上皮细胞内所引起的原虫病。

【病原】 该病的病原是艾美耳球虫，国内现已发现9种，致病力和致病部位不一致。以柔嫩艾美耳球虫为雏鸡球虫病的主要病原，因寄生于盲肠，故俗称盲肠球虫。其他的巨型艾美耳球虫、堆型艾美耳球虫、和缓艾美耳球虫、早熟艾美耳球虫、布氏艾美耳球虫、变位艾美耳球虫、哈氏艾美耳球虫和毒害艾美耳球虫均寄生于小肠，故俗称小肠球虫。各种球虫又混合感染。鸡啄食了被球虫卵囊污染的饲料、饮水和含有卵囊的苍蝇后而感染。该病主要危害3~6周龄的雏鸡，发病时间通常在炎热多雨的季节，但密集的圈养鸡舍内一年四季均可发病，特别是地面饲养的、拥挤的、湿度大的养鸡场更易发病。

【临床症状】 不同品种、年龄的鸡均有易感性，以15~50日龄的鸡易感性最高，发病率高达100%，死亡率在80%以上。病愈后生长发育受阻，长期不能康复。成年鸡几乎不发病，多为带虫者，但增重和产蛋受到一定影响。其临床表现可分为急性型和慢性型。

（1）急性型 多见于1~2月龄的鸡。在鸡感染球虫且未出现临床症状之前，一般采食量和饮水量明显增加，继而出现精神不振，食欲减退，羽毛松乱，缩颈闭目呆立；贫血，皮肤、冠和肉髯颜色苍白，逐渐消瘦；拉血样粪便，或者暗红色或西红柿样粪便，严重者甚至排出鲜血，尾部羽毛被血液或暗红色粪便污染。末期病鸡常痉挛或昏迷而死。

(2) 慢性型 多见于4～6月龄鸡或成年鸡，病鸡表现食欲减退，间歇性下痢，有时粪中带有血液，逐渐消瘦，足和翅膀发生轻瘫，很少死亡。

【病理变化】 柔嫩艾美耳球虫寄生于盲肠，致病力最强。盲肠肿大2～3倍，呈暗红色，浆膜外有出血点、出血斑；剪开盲肠，内有大量血液、血凝块，盲肠黏膜出血、水肿和坏死，盲肠壁增厚。

毒害艾美耳球虫寄生于小肠中1/3段，致病力强；巨型艾美耳球虫寄生于小肠，以中段为主，有一定的致病作用；堆型艾美耳球虫寄生于十二指肠及小肠前段，有一定的致病作用，严重感染时引起肠壁增厚和肠道出血等病变；和缓艾美耳球虫、哈氏艾美耳球虫寄生在小肠前段，致病力较低，可能引起肠黏膜的卡他性炎症；早熟艾美耳球虫寄生在小肠前1/3段，致病力低，一般无肉眼可见的病变；布氏艾美耳球虫寄生于小肠后段，盲肠根部，有一定的致病力，能引起肠道点状出血和卡他性炎症。其共同的特点是使肠管变粗、增厚，黏膜上有许多小出血点或严重出血，肠内有凝血或西红柿样黏性内容物（彩图3-1-1），重症者肠黏膜出现糜烂、溃疡或坏死。

混合感染时，整个肠道均有出血。急性盲肠球虫病时，盲肠显著肿胀，呈暗红色，出血明显（彩图3-1-2）。由巨型艾美耳球虫等引起小肠球虫病时，小肠肿大、增厚，浆膜上可见到一种灰白色小斑点及红色出血点，肠黏膜潮红，覆盖一层浓稠的黏性渗出物，小肠出血（彩图3-1-3）。

【鉴别诊断】 该病出现的排血便（西红柿样粪便）和肠道出血症状与维生素K缺乏症、出血性肠炎、鸡坏死性肠炎、鸡组织滴虫病等出现的症状相似，应注意区别。

该病出现的鸡冠、肉髯苍白症状与鸡传染性贫血、磺胺药物中毒、住白细胞原虫病、蛋鸡脂肪肝综合征、维生素B_{12}缺乏症等出现的症状相似。

该病表现出的过料、水样粪便与雏鸡开口药药量过大、氟苯尼考加量使用导致维生素B缺乏、肠腔缺乏有益菌等的表现类似，应注意区别。

【中兽医辨证】 根据临床主症，按照八纲及脏腑辨证，该病属肠腑湿热生虫血痢证。

【预防】 在饲料中添加0.5%驱球散粉末，让鸡自由采食，连续用药5天。

【良方施治】

1. 中药疗法

方1 白头翁苦参散：白头翁、苦参、鸦胆子等份，共研为末。若腹痛"啾啾"，加白芍、甘草、木香；粪便血多，加地锦草；病期迁延，湿热虫积未尽而气血亏损，加黄芪、当归等。病轻者，拌食或面粉为丸服；病重者，开水冲调或水煎，用滴管灌服，每只每次 0.5～1.0 毫升，1 天 3 次。一般用药 3～5 天即可。用量及次数酌减后，也可用于预防。

方2 驱球散：常山 2500 克，柴胡 900 克，苦参 1850 克，青蒿 1000 克，地榆炭 900 克，白茅根 900 克，加蒸馏水煎煮 3 次，浓缩至 2800 毫升；或者粉碎成粗粉，过筛，混匀备用。治疗时，将原液配成 25% 的药液，每 15 千克饲料中加 4000 毫升稀释后的药液，拌匀，连续饲喂 8 天。

方3 每 1000 只雏鸡在 1～70 日龄需用地锦草与墨旱莲的总量约为 260 千克［以鲜草计（榨汁），给药 3 天，停药 1 天］。

方4 常山 150 克，加水 1000 毫升煎汁拌料喂染病鸡，每天 3 次。

方5 德信球痢灵：青蒿 300 克，仙鹤草 500 克，白头翁 300 克，马齿苋 100 克，狼毒草 20 克。预防用量为 1000 克拌料 200 千克。治疗用量为 1000 克拌料 100 千克，或者水煎过滤液兑水饮，用药渣拌料，连用 3～5 天。

注意　　鸡下痢较重时可加诃子 100 克，球虫较重时可加肉桂 260 克。

方6 柴胡 9 克，常山 25 克，苦参 18.5 克，青蒿 10 克，地榆炭 9 克，白茅根 9 克，粉碎过筛，混匀。治疗按 1% 的比例拌料，连用 8 天。预防按 0.5% 的比例拌料，连用 5 天。

方7 白头翁 20 克，黄连 10 克，秦皮 10 克，苦参 10 克，金银花 12 克，白芍 15 克，郁金 15 克，乌梅 20 克，甘草 15 克，煎汁。为 56 只雏鸡 1 天的药量，连用 4 天。

方8 大黄 5 克，黄芩 15 克，黄连 4 克，黄柏 6 克，甘草 8 克，共研为末，每只每次 2～3 克，每天 2 次拌料饲喂，连喂 3 天。

方9 常山 120 克，柴胡 30 克，加水 1.5～2.0 千克煎汁，供 150 只鸡饮水。

方10 青蒿全草煎汁，使每毫升药液含生药 1 克，按每千克体重投喂

10 克，饲料拌喂或自饮均可，连服 3 天，停服 2 天。

方 11 铁苋菜、旱莲草等份，煎汤，每只每天服药 2～4 克，连服 3 天，效果较好。

方 12 青蒿、常山各 80 克，白芍 60 克，茵陈、黄柏各 50 克，共研为末，按 1.5% 的比例拌料投服。

方 13 球虫净：常山 200 克，柴胡 60 克，加水 400 毫升，煎至 250 毫升备用。治疗时每只 10 毫升，每天 1 次，连服 3～4 天；预防时每只 5 毫升，每天 1 次，连服 3～4 天。

方 14 球虫七味散：青蒿 60 克，常山 35 克，草果 20 克，生姜 30 克，柴胡 45 克，白芍 40 克，甘草 20 克，煎汤去渣，拌入精料供 50 日龄雏鸡 250 只自由采食，药煎 2 次，每天上午和下午各喂 1 次。

方 15 规那皮散：规那皮（奎宁树皮）、黄连、黄芩、黄柏、邪胆子、甘草各 5 克，共研为极细末，初生雏鸡每次 0.5 克，连服 10～15 天。

方 16 四黄散：黄连、黄芩、黄柏、大黄各 100 克，紫草 150 克，煎汤去渣，拌饲料中供 30 日龄 5000 只鸡服用，1 天 1 剂，连用 2 天。

方 17 球虫九味散：白术、茯苓、猪苓、桂枝、泽泻各 15 克，桃仁、生大黄、地鳖虫各 25 克，白僵蚕 50 克，共研为细末，拌料食服或灌服。雏鸡每只每次 0.3～0.5 克，成年鸡每只每次 2～3 克，每天 2 次，连用 3～5 天。

方 18 常山、板蓝根、雄黄组方，按饲料的 1% 添加混饲，连用 3～5 天。

方 19 常山 500 克，柴胡 75 克。每只每天 1.5～2.0 克，加水 5000 克煎汁饮水，连用 3 天。

方 20 血见愁 60 克，马齿苋 30 克，地锦草 30 克，凤尾草 30 克，车前草 15 克，每只每天 1.5～2.0 克，煎汁饮水，连用 3 天。

方 21 白头翁 20 克，苦参 10 克，黄连 5 克，加水 1500～2000 毫升，水煎饮服（供 70 只 3 周龄以内的雏鸡饮用），每天 1 次，4 周龄以上的雏鸡则将上述药煎至 500 毫升饮服，每天 2 次。病情较重者，将上述药煎至 100 毫升，灌服，每只每天 1～3 毫升，连用 5～7 天。

方 22 地锦草 60 克，仙鹤草 45 克，马齿苋 50 克，水煎供 100 只雏鸡饮服，1 剂 2 煎，每天饮服 2 次，每天 1 剂，连服 3～5 天。对病情较重者，可酌情加大药量。

方 23 柴胡 10 克，青蒿 10 克，仙鹤草 20 克，常山 10 克，地榆 10

克，苦参 10 克，地黄 10 克，车前草 20 克，以上为 100 只 500 克左右的鸡的 1 剂量，用法是将原药材饮片粉碎，水煎，用纱布过滤，其药汁作为饮水让鸡自饮，药渣拌入饲料中喂鸡；也可用中药粉加入沸水焖泡半个小时以上，以汁液供鸡饮用，药渣拌入饲料中喂鸡，全群给药。若无粉碎设备，也可将中药饮片水煎 2 次，分别取汁作为饮水让鸡自饮，药片渣弃去。喂药时要尽量使每只鸡摄入一定量的药液和药渣。该方法具有抑虫、止血、止痢、消炎等功效。

方 24 治鸡小肠球虫病：常山 15 克，青蒿 12 克，鸦胆子 15 克，白头翁 15 克，大黄 10 克，黄柏 12 克，当归 8 克，党参 10 克，白术 5 克，以上为 200 只雏鸡 1 天的剂量，做成散剂拌料喂服。配合西药地克珠利（抗球虫药之一）和维生素 K_3。另外，加上 B 族维生素和维生素 E 调节机体神经机能，增强机体抗病能力，配以电解多维、葡萄糖补充营养成分，调节机体的酸碱平衡，保护肝脏。一般需连续用药 3～5 天。

方 25 柴胡 300 克，青蒿 500 克，仙鹤草 500 克，常山 400 克，苦参 400 克，地榆 500 克，地黄 400 克，车前草 500 克，以上为 1 剂的用量，按每千克体重 2 克剂量，水煎，取汁让鸡自饮，药渣拌料喂服。

方 26 旱莲草 250 克（100 只鸡 1 天的用量），煎汁自饮，连服数天。

方 27 球虫净：常山 200 克，柴胡 60 克。将以上 2 味药加水 400 毫升，煎至 250 毫升，每只成年鸡 10 毫升，每天 1 次饮水或湿拌料喂服，连用 3～4 天。预防时每天用 5 毫升。

方 28 球康：党参 10 克，黄芪 10 克，白术 10 克，当归 10 克，熟地 10 克，常山 15 克，青蒿 15 克，柴胡 10 克，甘草 10 克。预防量为每只雏鸡以 0.5% 的比例拌料喂服，治疗量为 1% 的比例拌料喂服。

方 29（预防） 驱球散：常山 2500 克，柴胡 900 克，苦参 1850 克，青蒿 1000 克，地榆炭 900 克，白茅根 900 克，水煎 3 次，合并滤液，配成 25% 的药液，每 4000 毫升拌入 15 千克饲料中喂服，连喂 8 天。预防时，粉碎成粗粉，过筛混匀，在饲料中添加 0.5% 的药粉，让鸡自由采食，连用 5 天。

方 30（预防） 球虫净：常山 200 克，柴胡 60 克，加水 400 毫升，煎至 250 毫升。每只鸡 5 毫升，每天 1 次，连用 3～4 天。

方 31（预防） 白头翁 20 克，黄连 10 克，秦皮 10 克，苦参 10 克，金银花 12 克，白芍 15 克，郁金 15 克，乌梅 20 克，甘草 15 克，粉碎，以 2% 的比例拌料饲喂。以上为 56 只雏鸡 1 天的用量，连用 4 天。

注意 雏鸡 2 周龄开始。

方 32（预防） 白头翁 20 克，苦参 10 克，黄连 5 克，水煎取汁，供 100 只 3 周龄以上的鸡饮服，每天 1 次，连用 3～5 天。

方 33（预防） 马齿苋 60 克，车前草 60 克，地锦草 60 克，水煎取汁，供 100 只 3 月龄的鸡饮服，连用 3～5 天。

方 34（预防） 大茶叶根 100 克，柴胡 50 克，煎水饮服，为 100 只鸡的剂量，连用 3～5 天。

注意 方 31、方 32、方 33 适宜我国南方。方 31、方 33 适用于 20 日龄的雏鸡。

方 35（预防） 黄连 10 克，黄芩 10 克，黄柏 10 克，大黄 10 克，紫草 15 克，煎汁拌料，每天 2 次，连用 3 天。以上为 20 只 30 日龄的鸡 1 天的用量。

方 36（预防） 青蒿、常山各 80 克，地榆、白芍各 60 克，茵陈、黄柏各 50 克，粉碎为末，每天将中药粉剂按饲料用量 1.5% 的比例添加，充分拌匀，让鸡自由采食，至 25 日龄开始投药，连续饲喂 7 天进行治疗，效果好。

2. 西药疗法

方 1 在每千克饲料或饮水中加入 1 克磺胺二甲氧嘧啶，连用 3～7 天。

方 2 磺胺喹噁啉钠每瓶兑水 150 千克，连用 3～5 天，鸡球虫病即可好转，保雏鸡，护成年鸡。

方 3 硝苯酰胺（球痢灵）：混饲，预防浓度为 125 毫克/千克，治疗浓度为 250～300 毫克/千克，连用 3～5 天。

二、住白细胞原虫病

住白细胞原虫病又称鸡白冠病，是由住白细胞虫属的沙氏住白细胞原虫和卡氏住白细胞原虫寄生于鸡的白细胞和红细胞内所引起的一种血液原虫病。临床上以内脏器官、肌肉组织广泛出血及形成灰白色的裂殖体结节等为特征。

【病原】　该病的病原是卡氏住白细胞原虫和沙氏住白细胞原虫。吸血昆虫——蚋是该病的传播媒介，家禽是住白细胞原虫的中间宿主。该病发生于蚋出没的温暖季节，当年的幼雏发病较重，成年家禽带虫。

【临床症状】　3~6周龄的鸡感染多呈急性型，病鸡表现为体温在42℃以上，冠苍白，翅下垂，食欲减退，渴欲增强，呼吸急促，粪便稀薄，呈黄绿色；双腿无力行走，轻瘫；翅、腿、背部大面积出血；部分鸡临死前口鼻流血，常见水槽和料槽边沿有病鸡咳出的红色鲜血。病程为1~3天。青年鸡感染多呈亚急性型，鸡冠苍白，贫血，消瘦；少数鸡的鸡冠变黑，萎缩；精神不振，羽毛松乱，行走困难，粪便稀薄且呈黄绿色。病程在1周以上，最后衰竭死亡。成年鸡感染多呈隐性型，无明显的贫血，产蛋率下降不明显，病程为1个月左右。

【病理变化】　剖检时见血液稀薄、骨髓变黄等贫血和全身性出血。在肌肉中，特别是胸肌和腿肌中常有出血点或出血斑；在皮下脂肪中，尤其是腹部脂肪和腺肌胃外脂肪中有出血点，内脏器官广泛性出血，以肾脏、肺脏、肝脏出血最为常见，肝脏（彩图3-2-1）和脾脏（彩图3-2-2）肿大，肾脏出血，严重者血凝块可覆盖肾脏（彩图3-2-3）。其他组织器官，如心脏、胰脏（彩图3-2-4）和胸腺也有点状出血。胸腔、腹腔积血。嗉囊、腺胃、肌胃、肠道出血。脑实质点状出血。该病的另一个特征是在胸肌、腿肌、心肌、肝脏、脾脏、肾脏、肺脏、输卵管等多种组织器官有白色小结节，结节为针头至粟粒大小，类圆形，有的向表面凸起，有的在组织中，结节与周围组织分界明显，其外围有出血环。

翅下小静脉或鸡冠采血1滴，涂片，以姬姆萨氏法或瑞氏染色法染色，镜检发现虫体即可确诊。镜下白细胞呈梭形，其核被虫体挤到一边，虫体为卵圆形，有1个小核。

【鉴别诊断】　该病与禽霍乱、传染性法氏囊病、鸡传染性贫血、包涵体肝炎等疾病有相似之处，都有全身脏器的出血现象，但是出血的形态不同，应注意区别。

【中兽医辨证】　肝胆实火上炎证，肝经湿热下注证，脉弦数有力，治则清泻肝胆实火，清利肝经湿热为主。

【预防】　定期淘汰老鸡或完全清除带虫鸡，以加强对该病的控制。

鸡舍要通风良好，除去鸡舍周围蚋繁殖的场所，如杂草、积水等。

【良方施治】

1. 中药疗法

方1 青蒿20克，黄连10克，地丁10克，菖蒲10克，仙鹤草20克，五倍子10克，甘草5克，每只鸡每天2克，内服。

方2 常山150克，白头翁120克，苦参100克，黄连40克，秦皮50克，柴胡50克，甘草50克，水煎2次得药液约3000毫升备用。每只鸡每天用药1次，每次3~5毫升，灌服或饮水用，连用3天后，病情得到控制，精神好转，为了巩固疗效，再用药2天，每只每天2~3毫升。

方3 德信驱虫灵：鹤虱30克，使君子30克，槟榔30克，芜荑30克，雷丸30克，绵马贯众60克，干姜15克，乌梅30克，诃子30克，大黄30克，百部30克，木香15克，榧子30克。预防用量为1000克拌料300千克。治疗用量为1000克拌料150千克或水煎过滤液兑水饮，药渣拌料，连用3~5天。

注意 用于体内寄生虫，对体外寄生虫效果不佳。

2. 西药疗法

方1 单一疗法：磺胺二甲氧嘧啶以0.05%的比例饮水2天，然后再以0.03%的比例饮水2天。磺胺喹噁啉50毫克/千克混水或混饲给药。马杜拉霉素，5毫克/千克饲料。治疗5~7天，可获得满意的治疗效果。

方2 复方泰灭净：选用磺胺-6-甲氧嘧啶（磺胺间甲氧嘧啶）500毫克/千克混于饲料，连用5~7天；磺胺二甲氧嘧啶0.04%和乙胺嘧啶40毫克/千克混于饲料，连用1周后改用预防量0.1%复方新诺明拌料，连用3~5天，间隔2~3周，用0.02%复方敌菌净拌料进行治疗，均有较好的治疗效果。

方3 磺胺甲噁唑，以0.05%的比例拌料，首次加倍，连用5天，饮水中加入2%小苏打。

方4 复方磺胺-5-甲氧嘧啶，0.4克/千克饲料拌料。

方5 复方磺胺-6-甲氧嘧啶，0.4克/千克饲料拌料。

三、鸡蛔虫病

鸡蛔虫病是由鸡蛔虫寄生于鸡的小肠内所引起的寄生虫病。

【病原】　该病的病原是鸡蛔虫，是寄生于鸡体内的一种最大的线虫。虫体粗大，黄白色，头端有 3 片唇。虫卵呈椭圆形，卵壳厚，深灰色。鸡吞食了被感染性虫卵污染的饲料、饮水或啄食含有感染性虫卵的蚯蚓而感染。3 ~ 4 月龄的鸡易遭受侵害，病情也较重。

【临床症状】　病鸡生长发育不良，精神萎靡，羽毛松乱，食欲减退，下痢和便秘交替，日渐消瘦、贫血。成年母鸡产蛋量下降，贫血。

【病理变化】　剖检时在小肠内可见到蛔虫（彩图 3-3-1），有的甚至充满整个肠管，偶见于食道、嗉囊、肌胃、输卵管和体腔。蛔虫的虫体呈黄白色（彩图 3-3-2），表面有横纹。雄虫长 27 ~ 70 毫米，宽 0.09 ~ 0.12 毫米，尾端有交合刺；雌虫长 60 ~ 116 毫米，宽 0.9 毫米。粪便用直接涂片法或饱和盐水漂浮法检查，发现大量虫卵即可确诊。

【鉴别诊断】　值得注意的是，鸡蛔虫和鸡异刺线虫的幼虫和虫卵很相似，应注意区别。鸡蛔虫的虫卵长 70 ~ 80 微米，宽 47 ~ 51 微米，椭圆形，较扁圆；鸡异刺线虫的虫卵长 50 ~ 70 微米，宽 30 ~ 39 微米，椭圆形，但较长。鸡蛔虫幼虫尾部短，急行变尖；鸡异刺线虫幼虫尾部较长，逐渐变尖。

【中兽医辨证】　腑脏虚弱，腹中痛，发作肿聚，去来上下，痛有休息，亦攻心痛，口喜吐涎及吐清水，贯伤心者死也。治则温中祛寒，补气健脾为主。

【预防】　适当控制快速生长期肉仔鸡的生长速度。可用粉料代替颗粒料，或者在早期合理限饲，或者于颗粒料中加入 0.05% 维生素 C。改善鸡舍的饲养环境，妥善解决通风与保暖，降低有害气体浓度，保持氧气的充足。改善饲养管理。减少应激，饲料中添加维生素 E 和维生素 C，饮水中可加电解质。

【良方施治】

1. 中药疗法

方 1　竹叶花椒 15 克，文火炒黄并研末，每只鸡每次 0.2 克，拌料饲喂，每天 2 次，连喂 3 天。烟草切碎 15 克，文火炒焦并研碎，按 2% 的比例拌入饲料，每天 2 次，连喂 3 ~ 7 天。

方 2　党参 60 克，黄芪 50 克，肉桂 60 克，大黄 120 克，泽泻 50 克，芫花 45 克，甘草梢 40 克，糯米 85 克，水煎 2 次，上述剂量供 200 只 35 ~ 50 日龄的肉鸡 1 天饮用，连用 3 天。

方 3　炮附子 75 克，炮姜 65 克，党参 65 克，白术 60 克，芍药 55 克，制甘遂 50 克，茯苓 65 克，炙甘草 65 克，水煎饮用，为 200 只鸡 1 天的剂量。

方 4　柴胡 65 克，当归 50 克，桃仁 55 克，红花 60 克，白芍 40 克，白术 50 克，牛膝 50 克，车前子 55 克，炙甘草 30 克，水煎服用，为 200 只鸡 1 天的剂量。

方 5　德信驱虫灵：鹤虱 30 克，使君子 30 克，槟榔 30 克，芜荑 30 克，雷丸 30 克，绵马贯众 60 克，干姜 15 克，乌梅 30 克，诃子 30 克，大黄 30 克，百部 30 克，木香 15 克，榧子 30 克。预防用量为 1000 克拌料 300 千克。治疗用量为 1000 克拌料 150 千克或水煎过滤液兑水饮，药渣拌料，连用 3 ~ 5 天。

用于体内寄生虫，对体外寄生虫效果不佳。

方 6　苦楝皮 2 份，使君子 2 份，共研为细末，加面粉和水拌制成黄（绿）豆大小的药丸，每只鸡每天服 1 丸。

苦楝皮毒性大，尤其是外层黑皮毒性更大，用时必须用刀刮除黑皮再入药。

方 7　驱虫散：槟榔 125 克，南瓜子 75 克，石榴皮 75 克，共研为末，按 2% 的比例拌于饲料中，空腹喂给，每天 2 次，连用 2 ~ 3 天。

方 8　苦楝根皮汤：苦楝树根皮 25 克，水煎去渣，加适量红糖，按 2% 的比例拌入饲料，空腹喂给，每天 1 次，连用 2 ~ 3 天。

方 9　使君子 7 克，贯众 5 克，槟榔 2 克，石榴皮 5 克，牵牛子 7 克，大黄 3 克，芒硝 4 克，粉碎，按 2% 的比例拌料饲喂，喂前停食半天。

方 10　嗉囊注射汽油（或煤油），每千克体重注射 1 ~ 2 毫升。注射前先把鸡喂饱，使嗉囊膨大，便于注射。汽油能使蛔虫中毒死亡，对鸡毒性小，比较安全，投药 3 小时后即可排虫。

方 11　口服烟草粉，在饲料中加入饲料总量 2% 的烟草粉，让鸡自由啄食。每天早晚各 1 次，连喂 2 天。也可以用 0.5 ~ 1.0 克的熟烟丝，浸水后揉成黄豆大小的团粒喂服，驱虫效果好，而且没有副作用。

方 12　南瓜子散：南瓜子 100 克，焙焦，研为末，拌米饭喂 5 只成年鸡。

2. 西药疗法

方 1　驱蛔灵（哌嗪），250 毫克/千克体重，混入饲料，一次性投服，或者配制为 1% 的药用溶液，饮服治疗。所用药物必须在 8 ~ 12 小时用完，同时，用药前最好禁食（饮）1 夜。

方 2　驱虫净，逐只鸡灌服，40 ~ 60 毫克/千克体重，或者直接将其拌入饲料中喂服，60 毫克/千克体重。

方 3　噻苯唑，500 毫克/千克体重，1 次口服。硫化二苯胺（酚噻嗪），与饲料以 1∶15 的比例混合饲喂（成年鸡 0.5 ~ 1.0 克/千克体重，雏鸡用量减半，鸡不能超过 2.0 克/只）。

四、组织滴虫病

组织滴虫病又称传染性盲肠肝炎，也称黑头病，是由组织滴虫寄生于禽类的盲肠和肝脏所引起的原虫病。临床以肝脏坏死和盲肠溃疡为主要特征。

【病原】　该病病原为火鸡组织滴虫，为多形性虫体，大小不一，近圆形和变形虫形，伪足钝圆。无包囊阶段。盲肠腔中的虫体常见一根鞭毛；在肝组织中的虫体无鞭毛。家禽啄食了含有组织滴虫的异刺线虫虫卵或啄食了含有异刺线虫虫卵、幼虫的蚯蚓后而受感染。3 ~ 12 周龄的雏鸡、雏火鸡易感性最强。

【临床症状】　病鸡表现为不爱活动，嗜睡，食欲减退或废绝，衰弱，贫血，消瘦，身体蜷缩，腹泻，粪便呈浅黄色或浅绿色，严重者带有血液，随着病程的发展，病鸡头部皮肤、冠及肉髯严重发绀，呈紫黑色，故有黑头病之称。病程为 1 ~ 3 周，病死率在 60% 左右。

【病理变化】　剖检见肝脏肿大，表面形成圆形或不规则、中央凹陷、黄色或黄褐色的溃疡灶，呈"火山口"样的溃疡灶数量不等（彩图 3-4-1），有时融合成大片的溃疡区。盲肠高度肿大，肠壁肥厚、紧实得像香肠一样（彩图 3-4-2），肠内容物干燥坚实，成干酪样的凝固栓子，横切栓子，切面呈同心层状，中心有黑色的凝固血块，外周为灰白色或浅黄色的渗出物和坏死物。急性病鸡见一侧或两侧盲肠肿胀，呈出血性炎症，肠腔内含有血液。严重病鸡的盲肠黏膜发炎、出血，形成溃疡，会发生盲肠壁穿孔，引起腹膜炎而死。

采集盲肠内容物，以加温（40℃）生理盐水稀释后，做成悬滴标本镜检，见到有旋转活动的虫体即可确诊。

【中兽医辨证】 根据鸡盲肠肝炎呈现的硫黄稀粪、盲肠肿大、盲肠内躁湿等症状，知该病属中兽医的实热证，病位在盲肠和肝脏。

【预防】 该病的预防措施是搞好环境卫生，使蚯蚓、小虫无栖身之地。发现鸡感染异刺线虫时，要及时进行驱虫，排除蠕虫感染。雏鸡要与成年鸡隔开饲养，以防带虫成年鸡成为传染源。

【良方施治】

1. 中药疗法

方1 黄连 30 克，黄芩 60 克，黄柏 60 克，栀子 30 克，金银花 30 克，甘草 15 克，按 1% 的比例拌料饲喂，早晚各 1 次，连用 5～7 天。

方2 龙胆泻肝汤：龙胆草（酒炒）、栀子（酒炒）、黄芩、柴胡、地黄、车前子、泽泻、木通、甘草、当归各 20 克，以上为 100 只鸡的用量，水煎，饮服。

方3 白头翁散：白头翁 60 克，黄柏 40 克，秦皮 40 克，黄连 30 克，甘草 20 克，煎汤去渣候温灌服，或按 2% 的比例拌料混饲。

注意 在上述治疗的同时，应配合维生素 K_3 粉以减少盲肠出血。

2. 西药疗法

方1 用甲硝唑按 0.06%～0.08% 的比例混饲连喂 5～7 天，同时驱除鸡异刺线虫。

方2 甲硝唑，口服，每只每次 50 毫克，每天 2 次。

方3 恩诺沙星，按 0.04% 的比例混饲进行治疗。

五、绦虫病

绦虫病主要由赖利属绦虫（如棘沟赖利绦虫、四角赖利绦虫、有轮赖利绦虫）、节片戴文绦虫、鸡膜壳绦虫等寄生于鸡的小肠所引起。

【病原】 棘沟赖利绦虫和四角赖利绦虫的中间宿主是蚂蚁，有轮赖利绦虫的中间宿主是蝇和鞘翅目昆虫（如金龟子科和步行虫科的甲虫），节片戴文绦虫的中间宿主是蛞蝓，鸡膜壳绦虫的中间宿主是甲虫类和陆地螺蛳。鸡啄食了含有似囊尾蚴的蚂蚁、蝇、甲虫、蛞蝓、陆地螺蛳而感染。易感性最强的是雏鸡，该病对雏鸡的危害性也最大，以 17～40 日龄的鸡最易感。

【临床症状】 由于绦虫的品种不同，感染鸡的症状也有差异。病鸡共同表现有可视黏膜苍白或黄染，精神沉郁，羽毛蓬乱，缩颈垂翅，采食减少，饮水增多，肠炎，腹泻，有时带血。病鸡消瘦，大小不一。有的绦虫产物能使鸡中毒，引起腿脚麻痹，头颈扭曲，进行性瘫痪（甚至劈叉）等症状；有些病鸡因瘦弱、衰竭而死亡。感染病鸡一般在 14：00—17：00排出绦虫节片。一般在感染初期（感染后 50 天左右）节片排出最多，以后逐渐减少。

【病理变化】 病鸡机体消瘦，在小肠内发现大型绦虫的虫体，严重时可阻塞肠道，其他器官无明显的眼观变化。绦虫节片似面条，乳白色，不透明，扁平（彩图 3-5-1），虫体可分为头节、颈与链体 3 个部分。小型绦虫则要用放大镜仔细寻找，也可将剪开的肠管平铺于玻璃皿中，滴少许清水，看有无虫体浮起。

粪便内发现虫卵（彩图 3-5-2）或尸体解剖发现虫体和相应的病理变化（肠黏膜肥厚、充血、出血，甚至肠壁上有结核样结节）即可确诊。棘沟赖利绦虫长 25 厘米，宽 1～4 毫米，顶突和吸盘上有小钩；有轮赖利绦虫一般不超过 4 厘米长，偶有长达 13 厘米者，顶突有钩而吸盘无钩；节片戴文绦虫长 0.5～3.0 毫米，由 3～9 个节片组成，顶突和吸盘上有小钩；鸡膜壳绦虫长 3～6 厘米，体细似棉线，节片多达 500 个，顶突无钩。

【鉴别诊断】 有些病鸡所表现的消瘦、腿脚麻痹、进行性瘫痪（劈叉）等症状与马立克氏病的症状相似，有些病鸡的头颈扭曲症状与新城疫、细菌性脑炎、维生素 E 缺乏等病的症状相似，应注意区别。

【中兽医辨证】 食欲不振，脾虚胃弱，消化不良，胀气。治则以杀虫燥湿、清热解毒为主。

【预防】

1）经常清扫鸡舍，及时清除鸡粪，做好防蝇灭虫工作。

2）幼鸡与成年鸡分开饲养，最后采用全进全出制。

3）制止和控制中间宿主的滋生，饲料中添加环保型添加剂。例如，在该病流行季节里，饲料中长期添加环丙氨嗪（一般按 5 克/吨全价饲料添加）。

4）定期进行药物驱虫，建议在 60 日龄和 120 日龄各进行 1 次预防性驱虫。

【良方施治】

1. 中药疗法

方 1 槟榔 150 克，南瓜子 120 克，以上为 600 只 35 日龄肉鸡 1 个疗程的用量。首次加水 2000 毫升煮沸 30 分钟，将药汁倒出，第 2 次加水 1000 毫升再煮沸 20 分钟，将两次药汁混合放冷后内服，服药前鸡群停料 6 小时以上，内服饮水鸡群停水 3～4 小时，病鸡滴服，连续 2 次为 1 个疗程。

方 2 烟草煎剂：市售黄烟 500 克，加水 2500 毫升，煎取烟草水 500 毫升，候凉备用。禁食 14 小时后投服烟草煎剂，每只 4 毫升，药后 3 小时给食。1 周后再给药 1 次。

方 3 雷丸，成年鸡每只 2～4 克，研为细末，冷开水调服。

方 4 德信驱虫灵：鹤虱 30 克，使君子 30 克，槟榔 30 克，芜荑 30 克，雷丸 30 克，绵马贯众 60 克，干姜 15 克，乌梅 30 克，诃子 30 克，大黄 30 克，百部 30 克，木香 15 克，榧子 30 克。预防用量为 1000 克拌料 300 千克。治疗用量为 1000 克拌料 150 千克或水煎过滤液兑水饮，用药渣拌料，连用 3～5 天。

注意 用于体内寄生虫，对体外寄生虫效果不佳。

方 5 南瓜子 0.8 克，槟榔 0.6 克，以上为 1 只鸡的用量，共研为末，拌少量料 1 次喂服，喂前停食 3～4 小时。隔天每只再用硫氯酚（硫双二氯酚）0.2 克，1 次投服。5 天后再按以上方法和药量进行第 2 次驱虫，隔 6 天进行第 3 次驱虫。

方 6 槟榔：研为细粉与温开水、面粉按 5：4：1 的比例拌匀制丸，每丸 1 克（含槟榔粉 0.5 克），晒干。按每千克体重 2 丸于早上空腹投服，服药后任鸡自由饮水。

方 7 槟榔粉：每千克体重用 0.5～0.8 克，冷水泡 10～15 分钟，煎成 10% 溶液灌服。

方8 仙鹤草根芽：仙鹤草根和根上发出的芽，洗净、晒干、研细，用少量面粉和水制成药重1～2克的粒丸。鸡每千克体重服1粒，连服1～2次。仙鹤草根芽也可制成浸膏，按每千克体重150毫克有效剂量内服。

2. 西药疗法

方1 硫氯酚（硫双二氯酚），每千克体重150～200毫克，以1∶30的比例与饲料配合，1次投服。鸭对该药较为敏感。

方2 氯硝柳胺（灭绦灵），鸡每千克体重50～60毫克，1次投服。

方3 吡喹酮，鸡每千克体重10～15毫克，1次投服，可驱除各种绦虫。

方4 丙硫苯咪唑，每千克体重20毫克，1次喂服。

六、鸡皮刺螨

鸡皮刺螨是由皮刺螨爬到鸡、鸽体上吸血致使鸡、鸽发生贫血而消瘦的一种体外寄生虫病。

【病原】 皮刺螨又称红螨，呈长椭圆形，后部略宽，吸饱血后虫体由灰白色转为红色，体表密布细毛和细皱纹。口器长，螯肢呈细长的针状，用以穿刺宿主皮肤吸血。足很长，有吸盘。通常白天聚集在栖架上松散的粪块下，鸡舍的板条下、鸡窝里及柱子和屋顶支架的缝隙里，而在夜间侵袭鸡、鸽，但鸡、鸽白天留居舍内或母鸡孵蛋时，也能遭受侵袭。

【临床症状】 鸡日渐消瘦、有痒感，皮肤时而出现小的红疹，贫血、衰弱，产蛋量下降，幼雏由于失血过多而导致死亡。

【病理变化】 在鸡体上发现大批浅红色或棕灰色的皮刺螨（彩图3-6-1）即可确诊。虫体长0.6～0.75毫米，宽0.3～0.4毫米，吸饱血时可达1.5毫米长，虫体呈长椭圆形，体表密生短绒毛。

【中兽医辨证】 关节疼痛，屈伸障碍，少腹胀痛，畏寒肢冷，腰膝酸软，皮肤暗红，光亮、萎缩。治则以清热解毒、养血润肤止痒为主。

【预防】 0.2%敌百虫水溶液或将2.5%溴氰菊酯以1∶2000的比例稀释后直接喷洒于鸡皮刺螨栖息处，也可用0.25%蝇毒磷或0.5%马拉硫磷水溶液喷洒，第1次喷洒后7～10天再喷洒1次。

【良方施治】

1. 中药疗法

方1 栀子20克，黄柏40克，黄芩15克，地肤子40克，苦参40

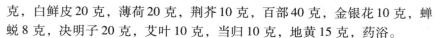

克，白鲜皮 20 克，薄荷 20 克，荆芥 10 克，百部 40 克，金银花 10 克，蝉蜕 8 克，决明子 20 克，艾叶 10 克，当归 10 克，地黄 15 克，药浴。

方 2 金银花 10 克，地肤子 10 克，栀子 10 克，苦参 10 克，黄柏 5 克，黄芩 5 克，艾叶 5 克，苍术 5 克，薄荷 5 克，蛇床子 5 克，土荆皮 5 克。上述中药加水煎煮 2 次，合并水煎液，浓缩至约 100 毫升，备用。将患处用温水清洗干净，取脱脂棉，用药液浸湿敷于患处。

方 3 川芎 30 克，百部 50 克，川椒 30 克，丁香 30 克，苦参 50 克，白鲜皮 30 克，没药 20 克，苍术 50 克，黄柏 30 克，益母草 20 克，野菊花 30 克，忍冬藤 30 克，蝉蜕 20 克，地肤子 30 克，当归 15 克，药浴。

方 4 荆防汤：荆芥、防风、苦参、苍术、地肤子、白鲜皮、地黄、牛蒡子各 10 克，蛇床子、蝉蜕、甘草各 8 克，水煎取汁洗患处 10 ~ 15 分钟，每天 2 次，连用 5 ~ 7 天。

方 5 蛇床子 2 份，硫黄 3 份，百草霜 2 份，陈石灰 1 份，生茶油适量，研末与茶油调和，涂擦患处，每天 2 次。

方 6 百苦合剂：百部、地肤子、苦参、黄柏、蛇床子、花椒等份，水煎成每毫升含 1 克生药，涂擦患处。

方 7 明矾 30 克，硫黄 10 克，芒硝 20 克，青盐 20 克，乌梅 20 克，诃子 20 克，川椒 15 克，水煎取汁涂擦患处。

方 8 硫黄、雄黄各 1 份，豆油 10 份，将豆油烧开，与研细的硫黄、雄黄调匀，候温涂擦患处。

方 9 烟椒清洗剂：干烟梗（切成每段 3 厘米长）5 千克，花椒 500 克。铁锅放净水 10 千克，烧开后将两味药放入沸煮至醋色，然后用细箩去渣，候凉用喷雾器为鸡喷雾。每天 10：00 和 16：00 喷药，隔天再喷 1 次，效果良好。

方 10 鸡癣膏：猪脂油 125 克，蜗牛 60 克，川椒 60 克，硫黄 30 克，黄连 9 克。先将猪脂油炼出，将蜗牛入油内熬成黄色；次下川椒同煮，去渣；再将硫黄、黄连研为极细末，候油冷，入内调成膏。治疗时先刷去患处白膏，见血津为度，然后将药膏搽之。

方 11 硫黄软膏：硫黄 10 克，凡士林 50 克，调成膏，每天 1 次涂搽患部，主治鸡脱羽螨。

2. 西药疗法

方 1 0.2% 敌百虫水溶液或 2.5% 溴氰菊酯以 1∶2000 的比例稀释后直接喷洒于鸡皮刺螨栖息处，也可用 0.25% 蝇毒磷或 0.5% 马拉硫磷水溶液喷洒，第1次喷洒后7~10天再喷洒1次。饲养量少时也可以考虑用药浴或沙浴方法驱虫。

方2　使用伊维菌素2~3毫克/千克或阿维菌素1.25~1.5毫克/千克拌料，连用3~5天，同时结合杀螨药物进行喷雾。

方3　用棉签蘸禽螨灵溶液擦拭鸡尾部和皮刺螨密集部位。

方4　夜间用3%敌百虫溶液带鸡彻底喷洒鸡舍内的鸡笼架、地面、屋顶、四周墙壁、料袋及其他用具。3天后再喷洒1次。以后每间隔1周喷洒1次，用药后的第2周产蛋鸡的产蛋率、育成鸡的死亡率一般能恢复正常。再连续用药5周。

方5　80%敌敌畏乳剂60克与0.3%万友粉剂（特效百虫灵）40克同时加入15升水中；带鸡彻底喷洒鸡舍内的鸡笼架、地面、屋顶、四周墙壁、料袋及其他用具。3天后再喷洒1次。以后每间隔1周喷洒1次，用药后的第2周产蛋鸡的产蛋率、育成鸡的死亡率一般能恢复正常。再连续用药5周。

七、鸡　虱

鸡虱是由长角羽虱科的羽虱（如广幅长羽虱、鸡翅长羽虱、鸡圆羽虱、鸡角羽虱）和禽羽虱科的羽虱（如鸡羽虱）寄生在家禽的体表所引起的体外寄生虫病。

【病原】　鸡虱主要通过宿主间的直接接触和通过公共用具间接传播。秋冬两季宿主体表的羽虱最多。羽虱主要是以羽毛和皮屑为食，有时也吞食损伤部位的血液。

【临床症状】　瘙痒不安，消瘦，羽毛脱落，食欲减退，生长发育阻滞，母鸡产蛋量下降。

【病理变化】　扒开羽毛见到大量的羽虱（彩图3-7-1）即可确诊。羽虱体长0.5~2.0毫米，无翅，由头、胸、腹3个部分组成（彩图3-7-2）。

【中兽医辨证】　皮肤局限性或弥漫性发硬，皮肤光亮肿胀，皮纹消失，毛发脱落，无汗或多汗，关节活动障碍。治则以疏风解表止痒为主。

【预防】　用杀虫药喷洒或沙浴。

【良方施治】

1. 中药疗法

方1　百部200克，加水4000毫升，文火煎35分钟左右，取汁再加水至4000毫升，候温，用喷雾器对患鸡周身及栖架进行喷洒即可。

方2　胡麻油适量，用脱脂棉球蘸取适量胡麻油，并轻轻擦拭病鸡患部。

方3　用80%旱烟末（或硫黄粉）和20%滑石粉，均匀混合，撒于病鸡患部羽毛中。

方4　百部草15～20克，浸入米酒0.5千克，浸制5天，用时拿干棉球蘸药在病鸡的皮肤上擦，每天擦1次，连擦3天。

> 注意　方1和方4同为一味中草药，但制作工艺不同，不要误用。另外，凡是外用药，都应于第1次用药后，过7～10天再用1次，才能彻底灭虱。

2. 西药疗法

方1　用1%～2%的洗衣粉溶液喷鸡体、鸡舍，可杀灭鸡虱，对鸡虱多的鸡可用2%的洗衣粉溶液涂抹于鸡的全身，效果较好。

方2　特效灭虱灵可用于驱杀鸡和种鸡身上的虱、螨、骚等体外寄生虫。

方3　把樟脑丸轧碎研成粉末，于夜晚鸡上窝时均匀地撒于鸡舍内。

方4　加强对鸡群的饲养管理，做好鸡舍环境清洁卫生与消毒，做好通风工作，全群用0.5%敌百虫进行喷洒杀虫。

方5　配1%敌百虫溶液或2.5%溴氰菊酯溶液适量，装入家用喷雾器对鸡群进行逆毛喷雾，同时清理鸡舍内的鸡粪和脱落的羽毛，对鸡舍、环境和所有用具进行喷洒，每次10：00和17：00各喷1次，在第1次喷药后的第5天、第10天再各喷药1次。

第四章

鸡代谢病

一、肉鸡腹水综合征

肉鸡腹水综合征又称肉鸡肺动脉高压综合征（PHS），是一种由多种致病因子共同作用引起的以右心肥大扩张和腹腔内积聚大量浆液性浅黄色液体为特征，并伴有明显的心脏、肺脏、肝脏等内脏器官病理性损伤的非传染性疾病，是影响世界肉鸡饲养业的主要疾病之一。

【病因】　诱发该病的因素有遗传因素、环境因素、饲料因素等，一般都是机体缺氧而致肺动脉压升高，右心室衰竭，以致体腔内发生腹水和积液。

【临床症状】　精神不振，食欲减少，走路摇摆，腹部膨胀，皮肤呈红紫色，触之有波动感，病重鸡呼吸困难。病鸡不愿站立，以腹部着地，喜躺卧，行动缓慢，似企鹅状运动。体温正常。羽毛粗乱，两翼下垂，生长滞缓，反应迟钝，呼吸困难，严重病例的鸡冠和肉髯呈紫红色，皮肤发绀，抓鸡时可突然抽搐死亡。用注射器可从腹腔抽出不同数量的液体，病鸡腹水消失后，生长速度缓慢。

【病理变化】　腹腔内有清亮透明的浅黄色液体（彩图4-1-1），腹水数量与日龄有关，3～4周龄病鸡可达100～200毫升，而6～8周龄病鸡可达300～400毫升或更多。肺脏呈弥散性充血、瘀血和水肿（彩图4-1-2），并有骨样小结节病灶。心脏体积增大，心包积液（彩图4-1-3），右心明显扩张，RV/TV变大，右心肌柔软、变薄。心脏内充满血凝块（彩图4-1-4），将其挤出后心脏松软。肝脏充血水肿，被膜增厚，表面不平滑且常附着一层灰白色或浅黄色胶冻样物质构成的薄膜（彩图4-1-5）。肾脏肿大、充血（彩图4-1-6），内有尿酸盐沉积。肠道及黏膜严重瘀血

（彩图 4-1-7），肠壁增厚。胸、腿肌瘀血及皮下水肿（彩图 4-1-8）。

【鉴别诊断】 应注意与继发性因素引起的肉鸡腹水综合征的鉴别诊断。例如，曲霉菌性肺炎、鸡白痢、鸡大肠杆菌病、衣原体病、肾病理变化型传染性支气管炎、新城疫、禽白血病、病毒性心肌炎、黄曲霉毒素中毒、食盐中毒、离子载体球虫抑制剂中毒（如莫能菌素中毒）、磺胺类药物中毒、呋喃类药物中毒、消毒剂中毒（甲酚、煤焦油）、硒和维生素 E 缺乏症、磷缺乏症、先天性心肌病、先天性心脏瓣膜损伤等。

【中兽医辨证】 脾主运化，如果脾阳虚衰，则运化失职。

【预防】 宜健脾、保肝、利水、助消化，同时改善饲养环境。

【良方施治】

1. 中药疗法

方1 赤茯苓 24 克，大黄 20 克，泽泻 20 克，茵陈 24 克，车前子 24 克，青皮 24 克，陈皮 24 克，白术 24 克，莱菔子 32 克，茯苓 16 克，木通 16 克，槟榔 16 克，枳壳 16 克，苍术 12 克。按每只每天 1～2 克煎汁饮服，每天 1 剂，连用 3 天。该方为 100 只鸡的用药量。

方2 葶苈子 60 克，黄芪 100 克，滑石 100 克，猪苓 50 克，白头翁 60 克，泽泻 50 克，白术 50 克，白芍 50 克，大青叶 60 克，柴胡 50 克，桔梗 50 克，大枣 60 克，大戟 30 克，甘遂 30 克。按每只每天 1～2 克煎水饮服，每天 2 次，连用 3 天。该方为 200 只鸡的用药量。

方3 桑白皮 30 克，泽泻 30 克，陈皮 30 克，木通 30 克，大腹皮 30 克，猪苓 20 克，桂枝 20 克，茯苓 60 克，车前子 30 克，黄芪 60 克。按每只每天 1～2 克煎水饮服，每天 2 次，连用 3 天。该方为 100 只鸡的用药量。

方4 夏枯草 3 份，瞿麦 3 份，苍术 1 份。按每只每天 1～2 克，煎汤饮用，连用 3～4 天。

方5 茯苓 30 克，泽泻 45 克，木通 20 克，白术 30 克，厚朴 30 克，山楂 30 克，大黄 25 克，甘草 20 克，共研为末。按每只每天 1～2 克煎水饮服，每天 3 次，连用 3 天。

方6 去腹水散：白术、茯苓、桑皮、泽泻、大腹皮、茵陈、龙胆草各 30 克，白芍、木瓜、姜皮、青木香、槟榔、甘草各 25 克，陈皮、厚朴各 20 克。按每只每天 1～2 克加水适量煎汁，供病鸡饮用 2～3 天。

方7 参芪五苓散：党参 50 克，黄芪 30 克，当归 35 克，川芎 35 克，丹参 30 克，茯苓 60 克，泽泻 40 克，车前子 40 克，石膏 60 克，黄连 30

克，黄柏 30 克。粉碎，供 150 只鸡 1 天拌料饲喂，预防剂量减半，每天 1 次，连用 3～5 天。

方8 当归芍药散：当归 30 克，川芎 30 克，泽泻 30 克，白芍 30 克，茯苓 30 克，白术 20 克，木香 20 克，槟榔 30 克；生姜 20 克，陈皮 20 克，黄芩 20 克，龙胆草 20 克，生麦芽 10 克。混合粉碎，过 100 目筛，供 100～150 只 7～35 日龄肉仔鸡拌料饲喂，连用 3 天。必要时可再用 3 天。

方9 冬瓜皮饮：冬瓜皮 100 克，大腹皮 25 克，车前子 30 克。共煎汤，按每只每天 1 克生药量饮用，连用 3～4 天。

方10 十枣汤：芫花 30 克，甘遂、大戟（面裹煨）各 30 克，共研为细末，大枣 50 枚。煎煮大枣取汤，与其他药末共拌，按每只每天 1 克，拌料饲喂，连用 3～4 天。

方11 苓桂术甘汤：茯苓、桂枝、白术、炙甘草，按 4∶3∶2∶2 的比例取药。共煎汤，按每只每天 1 克生药量饮用，连用 3～4 天。

方12 术苓渗湿汤：白术 30 克，茯苓 30 克，白芍 30 克，桑白皮 30 克，泽泻 30 克，大腹皮 50 克，厚朴 30 克，木瓜 30 克，陈皮 50 克，姜皮 30 克，木香 30 克，槟榔 20 克，绵茵陈 30 克，龙胆草 40 克，甘草 50 克，茴香 30 克，八角 30 克，红枣 30 克，红糖适量。共煎汤，按每只每天 1 克生药量饮用，连用 3～4 天。

方13 腹水康：茯苓 85 克，姜皮 45 克，泽泻 20 克，木香 90 克，白术 25 克，厚朴 20 克，大枣 25 克，山楂 95 克，甘草 50 克，维生素 C 45 克。将中草药烘干、粉碎，并与维生素混匀，按 1 千克饲料添加 15 克饲喂，3～5 天为 1 个疗程。8～35 日龄肉仔鸡预防用量为每千克饲料加药 4 克。

方14 腹水净：猪苓 100 克，茯苓 90 克，苍术 80 克，党参 80 克，苦参 80 克，连翘 70 克，木通 80 克，防风 60 克，白术 90 克，陈皮 80 克，甘草 60 克，维生素 C 20 克，维生素 E 20 克。将中草药烘干、粉碎，并与维生素混匀，按每只每天 1 克，拌料饲喂，连用 3～4 天。

方15 运饮灵：猪苓、茯苓、苍术、党参、苦参、连翘、木通、防风及甘草等各 50 克。将其烘干、混匀、粉碎，按每只每天 1～2 克，拌料饲喂，连用 3～4 天。

方16 复方中药哈特维（腥水消）：丹参、川芎、茯苓，按 5∶3∶2 的比例混合后加工成中粉（全部过四号筛）。按 1 千克饲料加药 4 克喂服，连用 3～4 天。

方17 苍苓商陆散：苍术、茯苓、泽泻、茵陈、黄柏、商陆、厚朴各 50 克，栀子、丹参、牵牛子各 40 克，川芎 30 克。将其烘干、混匀、粉碎，按每只每天 1 ~ 2 克，拌料饲喂，连用 3 ~ 4 天。

2. 西药疗法

肉鸡腹水综合征的发生是多种因素共同作用的结果，故在 2 周龄前必须从卫生、营养状况、饲养管理、减少应激和疾病及采取有效的生产方式等各方面入手，采取综合性防治措施。

方 1 改善肉鸡的心肺功能，降低肺血管收缩性阻力。在生产中采取限制饲喂技术和舒张血管。具体措施为 10 ~ 30 日龄每天饲喂定量饲料的 85%，30 日龄后逐渐放开饲养。也可以采用限制光照的方式来减少饲料的量，两种措施可以保证心脏和肺脏发育与其体重相适应，减少发病。饲料中加入血管舒张物质，如碳酸氢钠、呋塞米（速尿）和 L-精氨酸，饮水中添加二羟苯基异丙氨基乙醇（前列腺素受体激活剂），通过舒张支气管和肺动脉平滑肌，降低肺血管阻力，可以减少腹水综合征的发病率。已有许多研究报道，L-精氨酸是体内舒张血管因子（NO）的前体物，增加精氨酸可以促进血管舒张。如果在饲料中添加一氧化氮合酶抑制剂 L-NAME，抑制 NO 的合成，能促进肉鸡肺动脉高压的发生。这些从一个方面说明血管舒缩因子在肉鸡腹水综合征发生中起一定的作用。

方 2 控制肺脏炎症，改善肺脏、心脏功能。针对衣原体、流感、曲霉菌中毒不同的特点，采用不同的预防措施，改善肺脏功能。例如，饮水中添加抗流感的药物和抗衣原体的药物可以有效防治 35 天的心包积液。曲霉菌发病后，饮水中添加牛脂油可以有效降低曲霉菌中毒继发的腹水综合征。

方 3 添加抗氧自由基的药物。腹水鸡的肺脏、肝脏中谷胱甘肽过氧化物酶、维生素 E 和维生素 C 的浓度显著降低，而且血浆脂质过氧化物的浓度也升高，血浆脂质过氧化物的含量与心室肥大的相关系数为 0.48。添加维生素 C、维生素 E 后，腹水综合征发生显著降低。也有报道认为添加维生素 E 后对肉鸡生长和腹水发病率没有影响。

方 4 添加活血化瘀的中药，改善全身体循环，缓解心功能。研究发现，在鸡 5 ~ 35 日龄时于饲料中添加丹参、黄芪、茯苓、泽泻等中药，如腹水净、复方腹水散，可以有效地控制肉鸡腹水综合征的发病率。对于已经出现腹水综合征的肉鸡，治疗效果不理想。

方 5 对于已经出现腹水综合征的肉鸡，可以采用从翼静脉放血的方法，每只肉鸡放血 5～7 毫升，间隔 4 天放血 1 次，可以有效减轻右心室的压力，改善心功能，减少死亡。

方 6　在 2 周龄前必须从卫生、营养状况、饲养管理、减少应激和疾病及采取有效的生产方式等各方面入手，采取综合性防治措施。

> **提示**　在上述治疗的同时，于饮水或饲料中添加电解质、多种维生素等效果更好。

二、鸡痛风

鸡痛风又称鸡肾功能衰竭症、尿酸盐沉积症或尿石症，是指由多种原因引起的血液中蓄积过量尿酸盐不能被迅速排出体外而引起的高尿酸血症。其病理特征为血液尿酸水平增高，尿酸盐在关节囊、关节软骨、内脏、肾小管及输尿管和其他间质组织中沉积。临床上可分为内脏型痛风和关节型痛风。主要临床表现为厌食、衰竭、腹泻、腿与翅关节肿胀、运动迟缓、产蛋率下降和死亡率上升。近年来该病发生有增多趋势，已成为常见鸡病之一。

【病因】　鸡痛风是由于鸡体内核蛋白代谢发生障碍、尿酸形成过多并在体内蓄积，以消瘦、衰弱、关节肿大、运动障碍和各器官及关节组织内蓄积大量尿酸盐为主要特征的一种代谢性疾病。

【临床症状】　该病多呈慢性经过，其一般症状为病鸡食欲减退，逐渐消瘦，冠苍白，不自主地排出白色石灰水样稀粪，含有大量的尿酸盐。成年鸡的产蛋量下降或产蛋停止。临床上可分为内脏型痛风和关节型痛风。

（1）内脏型痛风　比较多见，但临床上通常不易被发现。病鸡多为慢性经过，表现为食欲下降、鸡冠泛白、贫血、脱羽、生长缓慢，粪便呈白色石灰水样，泄殖腔周围的羽毛常被污染。多因肾功能衰竭，呈现零星或成批的死亡。注意该型痛风因原发性致病原因不同，其原发性症状也不一样。

（2）关节型痛风　多在趾前关节、趾关节、跗关节及膝关节发病，也可侵害腕前、腕及肘关节。关节肿胀，起初软而痛，界限多不明显，以后肿胀部逐渐变硬，微痛，形成不能移动或稍能移动的结节，结节有豌豆或蚕豆大小。病程稍久，结节软化或破裂，排出灰黄色干酪样物。局部形成出血性溃疡。病鸡往往呈蹲坐或独肢站立姿势，行动迟缓，跛行。

【病理变化】

（1）内脏型痛风　剖检可见肾脏肿大，颜色变浅，肾小管受阻使肾脏表面形成花纹（彩图4-2-1）。输尿管明显变粗，并且粗细不匀、坚硬，管腔内充满石灰样沉积物。心脏（彩图4-2-2）、肝脏（彩图4-2-3）、脾脏、肠系膜及腹膜（彩图4-2-4）都覆盖一层薄膜状的白色尿酸盐，血液中尿酸及钾、钙、磷的浓度升高，钠的浓度降低。若不及时找出并消除病因，会陆续发病死亡，并且死鸡逐渐增多。

（2）关节型痛风　剖检可见脚趾和腿部关节肿胀，关节软骨、关节周围组织、滑膜、腱鞘、韧带及骨髓等部位，均可见白色尿酸盐沉着（彩图4-2-5）。沉着部位可形成致密坚实的痛风结节，多发于趾关节。关节内充满白色黏稠液体，严重时关节组织发生溃疡、坏死。尿酸盐大量沉着可使关节变形，形成痛风石。通常鸡群发生内脏型痛风时，少数病鸡兼有关节病变。

【鉴别诊断】　值得注意的是，该病出现的肾脏肿大、内脏器官尿酸盐沉积与磺胺类药物中毒、传染性法氏囊病、肾病理变化型传染性支气管炎类似，应注意区别诊断。

（1）与磺胺类药物中毒的鉴别诊断　磺胺类药物中毒表现的肌肉出血和肾脏肿大、苍白与鸡痛风的表现相似，鉴别要点：一是精神状态不同，磺胺类药物中毒初期鸡群表现兴奋，后期精神沉郁，而鸡痛风早期一般无明显的临床表现，后期表现为精神不振；二是用药史的不同，磺胺类药物中毒鸡群有大剂量或长期使用磺胺类药物的病史。

（2）与传染性法氏囊病的鉴别诊断　患传染性法氏囊病的鸡表现的肾脏尿酸盐沉积与鸡痛风的表现相似，鉴别要点：一是尿酸盐沉积位置不同，患传染性法氏囊病的鸡仅在肾脏和输尿管有尿酸盐沉积，而患痛风的鸡除肾脏和输尿管外，还可能在内脏的浆膜面、肌肉间、关节内有尿酸盐沉积；二是病程不同，传染性法氏囊病的病程在7～10天，而鸡痛风的病程持续很长；三是发病日龄不同，传染性法氏囊病多发生于3～8周龄的鸡，而痛风往往发生于日龄较大的鸡，以蛋鸡或后备蛋鸡多见。

（3）与肾病理变化型传染性支气管炎的鉴别诊断　患肾病理变化型传染性支气管炎的鸡表现的肾脏尿酸盐沉积与鸡痛风的表现相似，鉴别要点：一是临诊表现不同，患传染性支气管炎的鸡表现呼吸道症状，而鸡痛风没有。二是剖检病变不同，患传染性支气管炎的鸡表现为鼻腔、鼻旁窦、气管和支气管的卡他性炎症，而鸡痛风无此病变。

【中兽医辨证】 脾运化负担过重，湿邪乘虚而入。

【预防】 宜消除病因，对症治疗。

【良方施治】

1. 中药疗法

方1 用赤小豆汤加绿茶让鸡自饮，有一定的疗效。

方2 木通、车前子、瞿麦、萹蓄、栀子、大黄各 500 克，滑石粉 200 克，甘草 200 克，金钱草、海金沙各 400 克，共研为细末，混入 250 千克饲料中供 1000 只产蛋鸡或 2000 只育成鸡或 10000 只雏鸡 2 天内喂完。

方3 车前草、金钱草、木通、栀子、白术等份，按每只 0.5 克煎汤喂服，连喂 4~5 天。

说明：该方治疗雏鸡痛风，可酌加金银花、连翘、大青叶等，效果更好。

方4 车前草 60 克，滑石 80 克，黄芩 80 克，茯苓 60 克，小茴香 30 克，茯苓 50 克，枳实 40 克，甘草 35 克，海金沙 40 克，水煎取汁，以红糖为引，兑水饮服，药渣拌料，每天 1 剂，连用 3 天。该方为 200 只鸡 1 次的用量。

说明：该方适用于内脏型痛风。

方5 地榆 30 克，连翘 30 克，海金沙 20 克，泽泻 50 克，槐花 20 克，乌梅 50 克，诃子 50 克，苍术 50 克，金银花 30 克，猪苓 50 克，甘草 20 克，粉碎过 40 目筛，按 2% 拌料饲喂，连喂 5 天。食欲废绝的重病鸡可人工喂服。

说明：该方适用于内脏型痛风，预防时方中应去地榆，按 1% 的比例添加拌料。

方6 金钱草 20 克，苍术 20 克，地榆 20 克，秦皮 20 克，蒲公英 10 克，黄柏 30 克，茵陈 20 克，神曲 20 克，麦芽 20 克，槐花 10 克，瞿麦 20 克，木通 20 克，栀子 4 克，甘草 4 克，泽泻 4 克，共研为细末，按每只每天 3 克拌料喂服，连用 3~5 天。

方7 排石汤：车前子 250 克，海金沙 250 克，木通 250 克，通草 30 克，煎水饮服，连服 5 天。该方为 1000 只 0.75 千克体重的鸡 1 次的用量。

方8 八正散加减：车前草 100 克，甘草梢 100 克，木通 100 克，萹蓄 100 克，灯心草 100 克，海金沙 150 克，大黄 150 克，滑石 200 克，鸡内金150克，山楂200克，栀子100克，混合并共研为细末，拌料喂服，1千克以下体重的鸡，每只每天1.0～1.5克，1千克以上体重的鸡，每只每天1.5～2.0克，连用3～5天。

方9 降石汤：降香3份，石韦10份，滑石10份，鱼脑石10份，金钱草30份，海金沙10份，冬葵子10份，甘草梢30份，川牛膝10份，粉碎混匀，拌料喂服，每只每次5克，每天2次，连用4天。

说明：用该方内服时，在饲料中补充浓缩鱼肝油（维生素A和维生素D）和维生素B$_{12}$，病鸡可在10天后病情好转，蛋鸡产蛋量在3～4周后恢复正常。

注意 重症停食者，每只每次灌服5～10毫升，早晚连用2次。

2. 西药疗法

预防：目前对该病无特效治疗药物，因此要针对其不同发病原因，以防为主。加强饲养管理，合理配料，保证饲料的质量和营养的全价，防止营养失调，保持鸡群健康。自配饲料时应当按不同品种、不同发育阶段、不同季节的饲养标准设计配方，配制营养合理的饲料。饲料中钙、磷比例要适当，钙的含量不可过高，通常在开产前2周到产蛋率达5%以前的开产阶段，钙的水平可以提高到2%，产蛋率达5%以后再提至相应的水平。另外，饲料配方中蛋白质含量不可过高，以免造成肾脏损害和形成尿结石；防止过量添加鱼粉等动物性蛋白质饲料，供给充足新鲜的青绿饲料和饮水，适当增加维生素A、维生素D的含量。减少鸡痛风发生的诱因。不喂发霉饲料；鸡舍应保持清洁、通风、干燥，并经常消毒；光照要适宜；孵化时严格控制好温度、湿度，刚出壳的幼雏及时供给饮水。做好诱发该病的其他疾病的防治。

提示 药物使用要按说明或遵医嘱，不要长期使用或过量使用对肾脏有损害的药物及消毒剂，如磺胺类药物、庆大霉素、卡那霉素、链霉素等。

方1 降低饲料中的蛋白质水平，增加维生素的含量，添加维生素A、维生素D$_3$等多种维生素。

方2　给予充足的饮水，停止使用对肾脏有损害作用的药物和消毒剂。饲料和饮水中添加有利于尿酸盐排出的药物，对于严重的结石病例，配合中草药疗效更佳。

方3　注意采用对症治疗，还可应用下列方法：用电解多维或葡萄糖加大用量饮水，同时加入口服补液盐平衡体液，再加入抗菌类药物，防止因机体免疫力下降而继发的其他疾病。

> 一般初饮时先供给一定量的葡萄糖水，使机体的肠胃功能有一个前期的适应过程，然后再投抗菌类药物，这样不会使机体有太大的生理反应，从而减少雏鸡前期疾病的发生。

三、鸡脂肪肝综合征

鸡脂肪肝综合征是产蛋鸡的一种营养代谢病，临床上以过度肥胖和产蛋下降为特征。该病多出现在产蛋量高的鸡群或鸡群的产蛋高峰期，病鸡体况良好，其肝脏、腹腔及皮下有大量的脂肪蓄积，常伴有肝脏小血管出血，故其又称为脂肪肝出血综合征（FLHS）。该病发病突然，病死率高，给蛋鸡养殖业造成了较大的经济损失。

【病因】　导致鸡发生脂肪肝综合征的因素包括：遗传、营养、环境与管理、激素、有毒物质等。除此之外，促进性成熟的高水平雌激素也可能是该病的诱因。

（1）遗传因素　为提高产蛋性能而进行的遗传选择是鸡脂肪肝综合征的诱因之一，重型鸡及肥胖鸡多发，有的鸡群发病率较高，可高达31.4%～37.8%。

（2）营养因素　过量的能量摄入是造成鸡脂肪肝综合征的主要原因之一，笼养自由采食可诱发鸡脂肪肝综合征；高能量蛋白质比的日粮可诱发该病，饲喂能蛋比为66.94的日粮，产蛋鸡脂肪肝综合征的发病率可达30%，而饲喂能蛋比为60.92的日粮，其鸡脂肪肝综合征的发病率最低；饲喂以玉米为基础的日粮，产蛋鸡亚临床脂肪肝综合征的发病率高于以小麦、黑麦、燕麦或大麦为基础的日粮；低钙日粮可使肝脏的出血程度增加，体重和肝重增加，产蛋量减少；与能量、蛋白质、脂肪水平相同的玉米鱼粉日粮相比，采食玉米大豆日粮的产蛋鸡，其鸡脂肪肝综合征的发病率较高；抗脂肪肝物质的缺乏可导致肝脏脂肪变性，维生素 C、维生素 E、B 族维生素、锌、硒、铜、铁、锰等影响自由基和抗氧化机制的平衡，上述维生素及微量元素的缺乏都可能和鸡脂肪肝综合征的发生有关。

（3）环境与管理因素　从冬季到夏季的环境温度波动，可能会引起能量采食的错误调节，进而也造成鸡脂肪肝综合征，而炎热季节发生鸡脂肪肝综合征可能和脂肪沉积量较高有关；笼养是鸡脂肪肝综合征的一个主要诱发因素，因为笼养限制了鸡的运动，活动量减少，过多的能量转化成脂肪；任何形式（营养、管理和疾病）的应激都可能是鸡脂肪肝综合征的诱因。

（4）有毒物质　黄曲霉毒素也是蛋鸡发生鸡脂肪肝综合征的基本因素之一，而菜籽饼中的硫代葡萄糖苷是造成出血的主要原因。

（5）激素　肝脏脂肪变性的产蛋鸡，其血浆的雌二醇浓度较高，这说明激素与能量的相互关系可引起鸡脂肪肝综合征。

【临床症状】　当病鸡肥胖超过正常体重的 25%，在下腹部可以摸到厚实的脂肪组织，其产蛋率波动较大，可从高产蛋率的 75%～85% 突然下降到 35%～55%，甚至仅为 10%。病鸡的冠及肉髯色浅或发绀，继而变黄、萎缩，精神委顿，多伏卧，很少运动。有些病鸡食欲下降，鸡冠变白，体温正常，粪便呈黄绿色，水样。当拥挤、驱赶、捕捉或抓提方法不当时，引起强烈挣扎，往往突然发病，病鸡表现为喜卧，腹大而软绵下垂，鸡冠及肉髯褪色乃至苍白。重症病鸡嗜睡、瘫痪，体温为 41.5～42.8℃，进而鸡冠、肉髯及脚变冷，可在数小时内死亡。

【病理变化】　剖检可见死亡鸡肥胖，冠和肉髯苍白（彩图 4-3-1），皮下、腹腔及肠系膜均有大量的脂肪沉积（彩图 4-3-2）；肝脏肿大，边缘钝圆，呈黄色油腻状，表面有出血点和白色坏死灶，质地脆。腹腔中有大的血凝块（彩图 4-3-3），并部分包裹着肝脏（彩图 4-3-4），肝脏肿大破裂，呈黄褐色或深色油腻状，质脆易碎（彩图 4-3-5），用刀切时可在断面上有脂肪滴附着。腹腔内、脏器周围、肠系膜上有大量的脂肪。有些鸡心肌变性，呈黄白色。有些鸡的肾脏略变黄，脾脏、心脏、肠道有不同程度的小出血点。当死亡鸡处于产蛋高峰状态时，在输卵管中常可见到正在发育的蛋。

【鉴别诊断】　该病出现的鸡冠和肉髯褪色、苍白的症状与鸡传染性贫血、鸡球虫病、住白细胞原虫病、磺胺类药物中毒等类似，也应注意鉴别。

（1）与鸡传染性贫血的鉴别诊断　先天性感染的雏鸡在 10 日龄左右

发病，有症状变化且死亡率上升。雏鸡若在 20 日龄左右发病，表现症状并有死亡，可能是水平传播所致。贫血是该病的特征性变化，病鸡感染后14～16 天贫血最严重。病鸡衰弱，消瘦，瘫痪，翅、腿、趾部出血或肿胀，一旦碰破则流血不止。剖检时可发现血液稀薄，血凝时间延长，骨髓萎缩，常见股骨骨髓呈脂肪色、浅黄色或浅红色。而鸡脂肪肝综合征发病和死亡的鸡都是母鸡，剖检可见体腔内有大量血凝块并部分包裹着肝脏，肝脏明显肿大，色泽变黄，质脆易碎，有油腻感，这些易与鸡传染性贫血区别。

（2）与鸡球虫病的鉴别诊断 鸡球虫病表现的可视黏膜苍白等贫血症状与鸡脂肪肝综合征有相似之处，但很容易鉴别。鸡球虫病剖检症状很典型，即受侵害的肠段外观显著肿大，肠壁上有灰白色坏死灶或肠道内充满大量血液或血凝块。

（3）与住白细胞原虫病的鉴别诊断 住白细胞原虫病表现的鸡冠苍白、血液稀薄、骨髓变黄等症状与鸡脂肪肝综合征有相似之处。鉴别要点：一是鸡患住白细胞原虫病，剖检时还可见内脏器官广泛性出血，在胸肌、腿肌、心脏、肝脏等多种组织器官有白色小结节。二是住白细胞原虫病在我国的福建、广东等地呈地方性流行，每年的 4～10 月发病多见，有明显的季节性。

（4）与磺胺类药物中毒的鉴别诊断 磺胺类药物中毒除表现贫血症状外，初期鸡群还表现兴奋，后期精神沉郁，鸡群有大剂量或长期使用磺胺类药物的病史。这些易与鸡脂肪肝综合征区别。

【中兽医辨证】 湿困脾土，聚而为痰，阻塞气道，肺失宣降。中医治疗脂肪肝主要以化痰祛湿、活血化瘀、疏肝解郁、健脾消导为主，同时辅以清热解毒、利胆化积、补肾养肝等方法。

【预防】 宜调整日粮中能量和蛋白质含量的比例，对症治疗。

【良方施治】

1. 中药疗法

方1 柴胡 30%，黄芩 20%，丹参 20%，泽泻 20%，五味子 10%，粉碎，按每只 1.0 克于每天早晨拌料 1 次喂给，一般用药 3 天后症状缓解，后改为隔天用药，10 天后病情得到控制。

方2 中药水飞蓟（一种药用植物），按 1.5% 的量混入饲料中，可使已患病的鸡治愈率达 80.0%，显效率达 13.3%，无效率仅 6.7%，对已发病的鸡可试用。

方3 现代药理研究结果表明：泽泻、山楂、何首乌等具有降脂抑脂的作用，茵陈、柴胡、黄芩等具有保肝利胆的作用。日本学者通过不同分组进行动物试验证明：小柴胡汤、大柴胡汤、五苓散、柴苓汤等汉方对肝脂肪有明显的抑制作用。国内学者马伯良等对六味地黄汤进行试验显示，该方有抑制肝脏内脂肪沉积的作用。

注意 若在产蛋高峰到来前用药，每只每次 0.5 克，隔 2 天用 1 次，可提高鸡的产蛋率。

2. 西药疗法

方 1 对该病的预防措施主要在于合理搭配饲料，特别是饲料中的能量水平应保持在推荐标准，使各种营养物质既能满足鸡的生理需要又不过剩，同时按需求补给适量的甲硫氨酸及胆碱。对饲料中的甲硫氨酸最好经过测定，以确定是否需要添加。总的来说，产蛋鸡每 100 千克饲料中如果鱼粉等动物性原料在 5 千克以下，含豆饼及其他油饼在 20 千克以下，需要添加合成甲硫氨酸 100 克左右。胆碱是一种水溶性维生素，与甲硫氨酸协同作用，可防止脂肪在肝脏中沉积，并可降低鸡体对甲硫氨酸的需要量。一般来说，在多种维生素中不含胆碱或含量很少。产蛋鸡每 100 千克饲料中可添加商品氯化胆碱 100～120 克（即含纯胆碱 50～60 克）。

方 2 根据鸡的体况及时调整日粮，必要时采取限量饲喂，使体重适当，防止过肥。小型鸡种可在 120 日龄后开始限饲，一般限喂 8%～12%。

方 3 产蛋高峰期尽量减少外来应激因素的影响。

方 4 对发病鸡群在保证全价日粮的同时可适当调整日粮比例，降低能量饲料，增加蛋白质饲料，尤其是动物性蛋白质饲料，使日粮中粗蛋白的含量提高 1%～2%，并适当增加日粮中粗纤维的含量（如麸皮、干酒糟等）。同时对病鸡群可采用下列药物治疗：每吨饲料中添加氯化胆碱 1000 克，维生素 E 1 万国际单位，维生素 B_{12} 12 毫克，肌醇 900 克，连续饲喂 10～15 天。

方 5 避免使用发霉的饲料，尤其是变质的花生饼等。

提示 多种维生素及微量元素添加剂的各种成分要符合要求，同时用量要充足。

四、维生素 A 缺乏症

维生素 A 缺乏症也称蟾皮症，是因缺乏维生素 A 引起的一种营养缺乏病。其特征为皮肤干燥，四肢伸侧有非炎性的棘刺状毛囊丘疹，伴以眼部症状，如眼干燥、角膜软化或夜盲，属中医"藜藿之亏"的范畴。

【病因】

(1) 饲料调制或保管不当　饲料经过长期储存、烈日曝晒、高温处理，或者饲料受潮、发热、发霉、酸败和发酵等，皆可使饲料中的脂肪氧化或酸败变质，并加速饲料中维生素 A 类物质的氧化分解，从而导致鸡维生素 A 缺乏症。

(2) 鸡日粮中的营养配合不全　日粮中缺乏维生素 A 与胡萝卜素；或者日粮中缺乏蛋白质，不能合成足够的视黄醛结合蛋白质去运送维生素 A；或者日粮中缺乏脂肪，影响了维生素 A 类物质在肠道中的溶解和吸收等，以上皆可导致鸡维生素 A 缺乏症。

(3) 发生腹泻或其他疾病　当鸡发生腹泻或其他疾病（如鸡白痢、肠炎、鸡球虫病等）时，使肝脏中储存的维生素 A 消耗量过大，或者从肠道中流失的维生素 A 过多，都可导致鸡维生素 A 缺乏症。

【临床症状】

(1) 雏（仔）鸡发病症状　雏鸡一般发病于 5~7 周龄，病初表现为精神委顿、羽毛松乱、生长发育停滞、消瘦衰弱、运动失调、步态不稳、喙和小腿部皮肤颜色变浅；随着病情的发展，眼内流出水样液体、眼睑内有干酪性物质积聚，常把上下眼睑黏在一起，眼睑肿胀鼓起，角膜混浊不透明，严重的角膜软化或穿孔失明；病鸡若受到外界刺激可引起神经症状，如发生头颈扭转、做圆圈式转动或惊叫。发病雏鸡若不及时治疗，多发生衰竭性死亡，死亡率可高达 90%~100%。

(2) 成年鸡发病症状　成年鸡发病常呈慢性经过，主要表现为食欲不佳、羽毛松乱、嗜睡和消瘦；冠色发白有皱褶，趾爪蜷缩，两肢无力且步态不稳，往往用尾支地或瘫痪不能站立；母鸡产蛋量减少，种蛋受精率和孵化率下降；公鸡性机能降低，精液品质下降；随着病程发展，出现从眼睑内、鼻孔中流出水样分泌物或混浊的黏稠性牛乳样渗出物，致使上下眼睑黏在一起，眼睑内逐渐蓄积起乳白色干酪样物质，使眼部严重肿胀，引起角膜软化和穿孔，并造成失明；口腔黏膜有白色小结节或覆盖一层白色的豆腐渣样薄膜；最后可导致消化道、呼吸道和生殖道黏膜的普遍损害，使抗病力大幅下降，易感传染病，也可引起肾脏病变和痛风等多种疾病，提高了死亡率。

【病理变化】 口腔、咽喉和食道黏膜过度角化，有时从食道上端直至嗉囊入口有散在粟粒大小的白色结节或脓疱，或覆盖一层白色的豆腐渣样的薄膜。呼吸道黏膜被一层鳞状角化上皮代替，鼻腔内充满水样分泌物，液体流入鼻旁窦后，导致一侧或两侧颜面肿胀，泪管阻塞或眼球受压，视神经损伤，严重病例角膜穿孔。肾脏呈灰白色，肾小管和输尿管充塞着白色尿酸盐沉积物，心包、肝脏和脾脏表面有时可见尿酸盐沉积。小脑肿胀，脑膜上有微小的出血点。

【鉴别诊断】 值得注意的是该病出现的呼吸道症状与鸡传染性鼻炎、传染性喉气管炎等病的症状类似，应注意区别；该病出现的产蛋率、孵化率下降和胚胎畸形等临床症状与鸡产蛋下降综合征、低致病性禽流感、传染性支气管炎等病的症状类似，应注意鉴别；该病出现的眼及面部肿胀症状与鸡传染性鼻炎、眼型大肠杆菌、氨气灼伤眼部等病类似，应注意鉴别；该病出现的"花斑肾"病变与传染性法氏囊病、肾病理变化型传染性支气管炎、鸡痛风等病的病变类似，应注意鉴别；鸡食道黏膜覆盖的白色豆腐渣样薄膜，与鸡黏膜型鸡痘的病变类似，应注意鉴别。

【中兽医辨证】 水湿停滞，湿邪伤肝，肝瘀血肿胀。

【预防】 防止该病的发生，应从日粮的配制、保管、储存等多方面采取措施。

1）优化饲料配方，供给全价日粮。鸡因消化道内微生物少，大多数维生素在体内不能合成，必须从饲料中摄取。因此要根据鸡的生长与产蛋不同阶段的营养要求特点，添加足量的维生素A，以保证其生理、产蛋、抗应激和抗病的需要。调节维生素、蛋白质和能量水平，以保证维生素A的吸收和利用。例如，硒和维生素E可以防止维生素A遭氧化破坏，蛋白质和脂肪能有利于维生素A的吸收和储存，如果这些物质缺乏，即使日粮中有足够的维生素A，也可能发生维生素A缺乏症。

2）饲料最好现配现喂，不宜长期保存。由于维生素A或胡萝卜素存在于油脂中而易被氧化，因此饲料放置时间过长或预先将脂式维生素A掺入到饲料中，尤其是在大量不饱和脂肪酸的环境中更易被氧化。鸡易吸收黄色及橙黄色的类胡萝卜素，所以黄色玉米和绿叶粉等富含类胡萝卜素的饲料可以增加蛋黄和皮肤的色泽，但这些色素随着饲料的储存时间过长也易被破坏。此外，储存饲料的仓库应阴凉、干燥，防止饲料发生酸败、霉变、发酵、发热等，以免维生素 A 被破坏。

3）完善饲喂制度，饲喂时应勤添少加，饲槽内不应留有剩料，以防维生素 A 或胡萝卜素被氧化而失效。必要时，平时可以补充饲喂一些含维生素 A 或维生素 A 原丰富的饲料，如牛奶、肝粉、胡萝卜、菠菜、南瓜、黄玉米、苜蓿等。

4）加强胃肠道疾病的防控，保证鸡的肠胃、肝脏功能正常，以利于维生素 A 的吸收和储存。

5）加强种鸡维生素 A 的监测，选用维生素 A 检测合格的种鸡所产的种蛋进行孵化，以防雏鸡发生先天性维生素 A 缺乏。

【良方施治】

1. 中药疗法

方 1　苍术末，按每只每次 1～2 克，1 天 2 次，连用数天。

方 2　用羊肝拌料。用鲜羊肝 0.3～0.5 千克切碎，沸水烫至变色，然后连汤加肝一起拌于 10 千克饲料中，连喂 1 周。

注意　　主要适用于雏鸡。

2. 西药疗法

方 1　立即消除致病因素。发病鸡要立即停止饲喂发热、发霉或酸败等变质的饲料，立即消除致病因素；同时，在鸡的日粮中添加大剂量维生素 A 制剂治疗该病（通常日粮中添加维生素 A 制剂，病鸡日治疗量为健康鸡日维持量的 10 倍）。

方 2　立即使用维生素 A 制剂治疗。在病鸡饲料中添加维生素 A 乙酸酯微粒（含维生素 A 50 万国际单位/克），添加量为 3～4 克/100 千克（即含维生素 A 1.5 万～2.0 万国际单位/千克），添加后要搅拌饲料混合均匀，连续饲喂 2～3 天。或者在病鸡饲料中添加浓鱼肝油制剂（含维生素 A 5 万国际单位/毫升 + 维生素 D 0.5 万国际单位/毫升），添加量为 30～40 毫升/100 千克（即其中含维生素 A 1.5 万～2.0 万国际单位/千克），添加后要搅拌饲料混合均匀，连续饲喂 2～3 天。

方 3　妥善保管饲料和改善日粮饲料结构。由于维生素 A 是一种脂溶性维生素，其性质不稳定而易于氧化变质，因此应加强对鸡饲料的妥善保管工作。

方4 在饲料中添加维生素A。鸡对维生素A的需要量与日龄、生产能力及健康状况有很大关系，通常饲料中添加维生素A的量为：雏鸡和青年鸡15万~20万国际单位/100千克、肉仔鸡25万~30万国际单位/100千克、产蛋鸡35万~40万国际单位/100千克。

方5 要严格防止鸡饲料酸败、发热、发霉、发酵和氧化等，以免饲料中的维生素A遭到破坏。并改善鸡日粮饲料结构，补充富含维生素A原的饲料，如胡萝卜、黄玉米等。

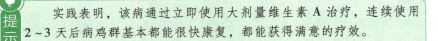

　　实践表明，该病通过立即使用大剂量维生素A治疗，连续使用2~3天后病鸡群基本都能很快康复，都能获得满意的疗效。

五、维生素 B₁ 缺乏症

　　维生素B₁缺乏可使糖代谢障碍，能量供应不足，并且导致α-酮酸氧化脱羧机能障碍，产生大量的丙酮酸，蓄积的丙酮酸可损害神经系统，发生多发性神经炎、厌食和死亡。

　　【病因】 大多数常用饲料中的维生素B₁均很丰富，特别是禾谷类籽实的加工副产品糠麸及饲用酵母中每千克含量可达7~16毫克。植物性蛋白质饲料中每千克含3~9毫克。所以，家禽实际应用的日粮中都能含有充足的维生素B₁，无须给予高硫胺素的补充。然而，家禽仍有维生素B₁缺乏症发生，其主要病因是饲料中的维生素B₁遭受破坏所致。水禽或家禽大量吃进新鲜鱼、虾和软体动物内脏，它们含有能破坏维生素B₁的酶，故而造成维生素B₁缺乏症。饲料被蒸煮加热、碱化处理也能破坏维生素B₁。另外，饲料中含有维生素B₁拮抗物质而使维生素B₁缺乏，如饲料中含有蕨类植物、球虫抑制剂氨丙啉，以及某些植物、真菌、细菌产生的拮抗物质，均可能使维生素B₁缺乏致病。

　　【临床症状】 维生素B₁属于水溶性B族维生素，水溶性维生素很少或几乎不在体内储备。因此，短时期的缺乏或不足就足以降低体内一些酶的活性，阻抑相应的代谢过程，影响鸡的生产力和抗病力。但临诊症状仅在较长时期的B族维生素供给不足时才表现出来。

　　（1）雏鸡 雏鸡对维生素B₁缺乏十分敏感，饲喂缺乏维生素B₁的饲料后约经 10 天即可出现多发性神经炎症状。病鸡突然发病，呈现"观星"姿势，头向背后极度弯曲呈角弓反张状，由于腿麻痹不能站立和行走，病鸡以跗关节和尾着地，坐在地面或倒地侧卧，严重的衰竭死亡。

（2）**成年鸡**　成年鸡维生素 B_1 缺乏约 3 周后才出现临诊症状。病初食欲减退，生长缓慢，羽毛松乱且无光泽，腿软无力和步态不稳。鸡冠常呈蓝紫色。以后神经症状逐渐明显，开始是脚趾的屈肌麻痹，接着向上发展，腿、翅膀和颈部的伸肌明显地出现麻痹。有些病鸡出现贫血和拉稀。体温下降至 35.5℃，呼吸率呈进行性减少，衰竭死亡。

【**病理变化**】　雏鸡的皮肤呈广泛水肿，其水肿的程度决定于肾上腺的肥大程度。肾上腺肥大，雌鸡比雄鸡的更为明显，肾上腺皮质部的肥大比髓质部更大一些。心脏轻度萎缩，右心可能扩大，肝脏呈浅黄色，胆囊肿大。十二指肠固有层肠腺高度扩张。胰腺外分泌细胞的细胞质形成空泡。生殖器官萎缩，睾丸比卵巢明显。

【**鉴别诊断**】　该病出现的"观星"等神经系统症状与新城疫、禽脑脊髓炎、维生素 E 缺乏症等出现的症状类似，注意鉴别诊断。

【**中兽医辨证**】　寒湿伤肾，水液外溢。

【**预防**】　饲养标准规定每千克饲料中维生素 B_1 的含量为：肉用仔鸡和 0～6 周龄的育成蛋鸡 1.8 毫克，7～20 周龄的鸡 1.3 毫克，产蛋鸡和母鸡 0.8 毫克，注意按标准饲料搭配和合理调制，就可以防止维生素 B_1 缺乏症。注意日粮配合，添加富含维生素 B_1 的糠麸、青绿饲料或添加维生素 B_1。对种鸡要监测血液中丙酮酸的含量，以免影响种蛋的孵化率。某些药物（抗生素、磺胺药、球虫药等）是维生素 B_1 的拮抗剂，不宜长期使用，若用药应加大维生素 B_1 的用量。天气炎热时，鸡对维生素 B_1 的需求量高，应注意额外补充。

【**良方施治**】

1. 中药疗法

大活络丹 1 粒，分 4 次投服，每天 1 次，连用 14 天。

注意　心脏重度萎缩时无效。

2. 西药疗法

方 1　在鸡的日粮中供给足够的维生素 B_1，育成鸡和成年鸡每千克饲料中添加 0.8 ~ 0.9 毫克，雏鸡每千克饲料中添加 1.5 毫克，即可预防该病的发生。

方 2　对已发病的鸡肌内注射维生素 B_1 5 毫克（1 只鸡的量）每天 1 次，连用 5 ~ 7 天，治疗效果极好。一般治疗后 2 ~ 3 天症状明显好转或消失，仍需继续口服维生素 B_1，每天 5 ~ 10 毫克，疗程 1 个月。因血中丙酮酸、乳酸增加，故纠正酸中毒也很重要。

方 3　该病常伴有其他 B 族维生素缺乏，应同时予以适当补充。

方 4　由于肾上腺皮质激素能对抗维生素 B_1 作用，过量叶酸及烟酸能影响维生素 B_1 磷酸化作用，故在治疗时应予以注意。

提示　食欲不佳的病鸡不宜用中药散剂拌料喂服，若有条件应用口服液逐只灌服。在正常生产情况下，成年鸡和放牧饲养的鸡一般不会发生维生素 B_1 缺乏，雏鸡则较易发生。疾病严重的可以用药物治疗，在给鸡口服这种维生素后，仅数小时后即可出现好转。由于维生素 B_1 缺乏症可引起极度的厌食，因此在急性缺乏尚未痊愈之前，在饲料中添加维生素 B_1 的治疗方法是不可靠的，所以要先口服维生素 B_1，然后在饲料中添加，雏鸡的口服量为每只每天 1 毫克，成年鸡每只内服量为 2.5 毫克/千克体重，同时在饲料中补充维生素 B_1。

六、维生素 B_2 缺乏症

维生素 B_2 缺乏症是由于维生素 B_2 缺乏引起核黄素形成减少，使物质代谢发生障碍的营养代谢病，临床上以被毛病变和趾爪蜷缩、肢腿瘫痪及坐骨神经肿大为主要特征。该病多发生于雏鸡，并且常与其他 B 族维生素缺乏相伴发。

【病因】　常用的禾谷类饲料中维生素 B_2 特别贫乏，每千克不足 2 毫克。所以，肠道比较缺乏微生物的鸡，又以禾谷类饲料为食，若不注意添加维生素 B_2，则易发生维生素 B_2 缺乏症。核黄素易被紫外线、碱及重金属破坏；另外还要注意，饲喂高脂肪、低蛋白质日粮时，核黄素的需要量增加；种鸡比非种用蛋鸡的需求量要提高 1 倍；低温时供给量应增加；患有胃肠病的，影响核黄素的转化和吸收。这些因素都可能引起维生素 B_2 缺乏。

【临床症状】　饲喂雏鸡缺乏维生素 B_2 的日粮后，多在 1~2 周龄发生腹泻，食欲尚且良好，但生长缓慢，逐渐变得衰弱消瘦，发病后皮肤干燥，羽毛粗乱，背部脱毛。其特征性的症状是足趾向内蜷曲，似握拳状，以飞节着地支撑躯体（彩图 4-6-1），用跗部行走，两腿叉开似游泳状，两腿发生瘫痪，腿部肌肉萎缩和松弛，皮肤干而粗糙。缺乏症的后期，病雏不能运动，只是伸腿俯卧，多因吃不到食物而饿死。

育成鸡病至后期，腿叉开而卧，瘫痪。母鸡的产蛋量下降，蛋白稀薄，种鸡则产蛋率、受精率、孵化率下降。种母鸡日粮中核黄素的含量低，其所产的蛋和出壳雏鸡的核黄素含量也低，而核黄素是胚胎正常发育和孵化所必需的物质，孵化蛋内的核黄素用完，鸡胚就会死亡（入孵第 2 周死亡率高）。死胚呈现皮肤结节状绒毛，颈部弯曲，躯体短小，关节变形、水肿、贫血和肾脏变性等病理变化。有时也能孵出雏鸡，但多数带有先天性麻痹症状，体小、浮肿。

【病理变化】　胃肠道黏膜萎缩，肠壁薄，肠内充满泡沫状内容物。产蛋鸡皆有肝脏增大和脂肪量增多；有些病例出现胸腺充血和成熟前期萎缩；病/死成年鸡的坐骨神经和臂神经显著肿大和变软，尤其是坐骨神经的变化更为显著，其直径比正常大 3~4 倍。其他脏器无肉眼可见的病变。

【鉴别诊断】　该病出现的趾爪蜷曲、两腿瘫痪等症状与禽脑脊髓炎、维生素 E- 硒缺乏症、马立克氏病等出现的症状类似，注意鉴别诊断。

【预防】　饲喂的日粮必须能满足鸡生长、发育和正常代谢对维生素 B_2 的需要。0~7 周龄的雏鸡，每千克饲料中维生素 B_2 的含量不能低于 3.6 毫克；8~18 周龄时，不能低于 1.8 毫克；种鸡不能低于 3.8 毫克；产蛋鸡不能低于 2.2 毫克。配制全价日粮，应遵循多样化原则，选择谷类、酵母、新鲜青绿饲料和苜蓿、干草粉等富含维生素 B_2 的原料，或者在每 1000 千克饲料中添加 2~3 克核黄素，对预防该病的发生有较好的作用。维生素 B_2 在碱性环境及暴露于可见光特别是紫外光中容易分解变质，混合料中的碱性药物或添加剂也会破坏维生素 B_2，因此，饲料的储存时间不宜过长。防止鸡群因胃肠道疾病（如腹泻等）或其他疾病影响对维生素 B_2 的吸收而诱发该病。

【良方施治】

1. 中药疗法

山苦荬（别名七托莲、小苦麦菜、苦菜、黄鼠草、小苦苣、活血草、隐血丹），预防按 5% 的比例在饲料中添加，每天 3 次，连喂 30 天。治疗按 10% 的比例在饲料中添加，每天 3 次，连喂 5 天。

2. 西药疗法

方 1 在鸡的日粮中添加适量的酵母、脱脂乳、苜蓿草粉等，可预防该病的发生。

方 2 对已患病的鸡，给轻症病鸡内服维生素 B_2，雏鸡每只每次 0.1～0.2 毫克，蛋鸡每只每次 10 毫克，连用 5～7 天。病情较重者注射维生素 B_2 或复方维生素 B 注射剂，成年鸡每只 5～10 毫克，对于病情严重且进食困难的病鸡，先连续肌内注射维生素 B_2 2 次，再在日粮中添加足量的维生素 B_2，连喂 7～15 天，可收到较好的效果。

方 3 合理调配营养成分，改进烹调方法，多饲喂富含维生素 B_2 食物。

方 4 内服维生素 B_2 10 毫克、复合维生素 B 1～2 片，每只每天 3 次，必要时肌内注射核黄素。有口角糜烂者，可涂 0.05% 氯己定（洗必泰）软膏或 2% 硼酸软膏等。

提示　食欲不佳的病鸡不宜用中药散剂拌料喂服，若有条件应用口服液逐只灌服。

七、维生素 E 缺乏症

维生素 E 缺乏能引起雏鸡脑软化、渗出性素质和肌营养不良，以及火鸡跗关节肿大和肌胃萎缩等多种疾病。

【病因】　该病的病因主要有以下几种情况：①饲料本身维生素 E 含量不足。②饲料储存不当，保存期过长。例如，籽实类饲料保存 6 个月，维生素 E 可损失 30%～50%。③混合料中其他成分对维生素 E 的破坏。例如，某些矿物质、不饱和脂肪酸和饲料酵母等。④鸡患有肠道疾病时，导致对维生素 E 的吸收利用率降低，引起缺乏。⑤饲料中缺乏微量元素硒时，维生素 E 的需要量增加，若补偿不足，则会引起维生素 E 缺乏症。⑥存在于植物组织中的维生素 E 极易氧化失效，饲料加工调制时，引起维生素 E 大量损失，如青草制成干草可能损失 95%。⑦母鸡缺乏维生素 E，以致其所产的蛋孵出的雏鸡发生先天性维生素 E 缺乏。

【临床症状】　雏鸡发生本病多集中在 15～30 日龄，主要表现为脑软化、渗出性素质和肌营养不良 3 种病型。成年鸡缺乏维生素 E 时一般无明显的临床症状，表现为种蛋孵化率降低，鸡胚早期死亡。公鸡睾丸变小，性欲降低，精液品质差，生殖机能减退。

（1）脑软化症 病鸡表现为共济失调，头向后或向下萎缩或向侧面扭转，后仰，步态不稳，时而向前或向后冲，两腿发生痉挛性抽搐，翅膀和腿呈不完全麻痹，采食减少或不食，最后衰竭而死。剖检病变主要是脑膜、小脑与大脑充血、肿胀，脑回展平，表面散在出血点，或者有黄绿色不透明的坏死区。上述病变也可能发生在大脑、延髓和中脑。

（2）渗出性素质病 渗出性素质病是由于维生素 E 和硒同时缺乏而引起的一种皮下组织水肿。多发生于 20～60 日龄的鸡，比脑软化症稍晚。主要特征是全身皮下组织水肿，尤以股部和腹部多见，症状轻的可见病变部皮下有黄豆大至蚕豆大的紫蓝色斑块，严重时水肿加剧，病鸡两腿叉开，穿刺或剪开病变部位可流出蓝绿色黏性液体。剖检时可见心包积液和扩张，胸部和腿部肌肉均有轻度出血。

（3）肌营养不良 肌营养不良又称白肌病，是由维生素 E 和硒、含硫氨基酸共同缺乏时造成的。多发于 30 日龄左右的鸡。病鸡表现为两腿无力，消瘦，站立不稳，运动失调，翅下垂，全身衰弱，最后衰竭死亡。剖检特征是肌肉外观苍白、贫血，并有灰白色条纹。病变主要发生在胸肌和腿肌。

【病理变化】 患脑软化症的病鸡在剖检时可见小脑出血（彩图 4-7-1）、柔软和肿胀，脑膜水肿，外观不清，脑内可见一种呈现黄绿色混浊的坏死区，有的脑组织软化成糊状。臀肌、胸肌等病变部肌肉变性、色浅，似煮肉样，呈灰黄色、黄白色的点状、条状、片状不等；横断面有灰白色、浅黄色斑纹，质地变脆、变软、钙化。心肌扩张变薄，以左心室为明显，多在乳头肌内膜有出血点，在心内膜、心外膜下有黄白色或灰白色与肌纤维方向平行的条纹斑。肝脏肿大，硬而脆，表面粗糙，断面有槟榔样花纹；有的肝脏由深红色变成灰黄色或土黄色。胰脏变性且呈苍白色，腺体萎缩，体积缩小有坚实感，纤维化。肾脏充血、肿胀，肾实质有出血点和灰色的斑状灶。以渗出性素质为特征的病鸡，皮下可见有大量浅蓝绿色的黏性液体，心包内也积有大量液体。腹腔有浅黄色积液，皮下组织出血，有少量胶冻样物，有瘀血斑，肠系膜充血；浆膜有出血点，肠道有条纹状出血、坏死。

【预防】 加强饲料管理。储存饲料过程中，必须对各种可能导致维生素 E 被破坏的因素进行考虑，特别是在阴雨天气，更要加强饲料的保存，避免出现霉变或酸败。如果饲料中需要添加较多的鱼肝油，最好现配现用，否则非常容易发生酸败。饲料只要解封，尽量在短时间内用完。对于已经霉变或酸败的饲料禁止饲喂。另外，由于含硫氨基酸和硒与维生素 E 具有协同作用，也就要求饲料中必须含有充足的甲硫氨酸和硒，否则，会影响鸡体吸收和维生素 E 的利用。如果在饲料中添加丙酸钙、丙酸钠等碱性物质作为饲料防霉剂，会明显破坏饲料中所含的维生素 E，因此确定维生素 E 添加量时还要考虑这部分损失。蛋鸡饲料中必须添加充足的维生素 E，一般每千克配合料中必须保持含有超过 3 ~ 5 国际单位。

一般来说，病鸡要在补充硒的同时配合补充适量的维生素 E，治疗效果要优于单一补充硒或维生素 E，加之二者通常同时出现缺乏，较少出现单一缺乏的现象。在补充硒和维生素 E 的过程中，还可提高饲料中的蛋白质水平，尤其是如甲硫氨酸、半胱氨酸、胱氨酸等含硫氨酸，能够进一步增强补充硒和维生素 E 的治疗效果。在病鸡每千克饲料中添加亚硒酸钠粉 0.2 毫克、维生素 E 粉 40 毫克和甲硫氨酸 1.5 克，搅拌均匀后混饲，连续使用 5 天。同时，在每 1000 毫升饮水中添加亚硒酸钠-维生素 E 注射液 10 毫升供病鸡自由饮用，每天 1 次，连续使用 5 天。如果病鸡症状严重，停止采食，则要及时挑出进行隔离治疗，可肌肉或皮下注射 0.5 毫升亚硒酸钠-维生素 E 注射液，经过 4 天再注射 1 次；或者灌服适量的经过适当稀释的亚硒酸钠-维生素 E 注射液。需要注意的是，亚硒酸钠的治疗用量与中毒量非常接近，所以添加量要适宜，并进行充分搅拌。

【良方施治】

1. 中药疗法

方 1　大麦芽 30 ~ 50 克，拌入 1 千克饲料中饲喂，连用数天，并酌情饲喂青绿饲料。

方 2　归芎地龙汤：当归 200 克，川芎 100 克，地龙 200 克，加常水 40 千克，煎煮至 20 千克，弃渣取汁，将药液置入饮水器中，让 2000 只鸡自饮，连用数天即可。

注意　饮药前停水 4 小时，饮完药液后供给常水自饮。

2. 西药疗法

方 1　对发病鸡首先用维生素 E 胶丸（每丸含 5 毫克）内服治疗，按照鸡日龄的大小每只 0.5 ~ 1 丸，一般服药 1 次即可，未痊愈的隔天再服 1 次。同时用 0.0003% 亚硒酸钠液（每 1000 毫升水中加入 1 毫克含量的亚

硒酸钠 3 片，研细、摇匀）饮水，连用 3 天，间隔 3 天后再饮 3 天，多数轻度病例即可治愈。

方2　对病重者可用 0.1% 亚硒酸钠注射液经肌内注射，每千克体重用 0.1 毫升，每 2 天注射 1 次，连用 2～3 次，或者用维生素 E 注射液经肌内注射，每千克体重 3 毫升，隔天 1 次，连用 2～3 次。

方3　鸡的日粮中谷实类及油饼类饲料有一定的比例，当有充足的青绿饲料时，一般不会发生维生素 E 缺乏症。

方4　在低硒地区，应在饲料中添加亚硒酸钠，一般为每千克饲料添加亚硒酸钠 0.1 毫克。

方5　雏鸡渗出性素质病及白肌病，每千克日粮中添加维生素 E 20 国际单位、植物油 5 克、亚硒酸钠 0.2 毫克和甲硫氨酸 2～3 克，连用 2～3 周。

方6　成年鸡缺乏维生素 E 时，每千克日粮添加维生素 E 10～20 国际单位或植物油 5 克或大麦芽 30～50 克，连用 2～4 周，并酌情饲喂青绿饲料。

提示

多喂些青绿饲料，可预防该病发生。

八、中暑（热应激）

【病因】　鸡中暑症也称鸡热射病、日射病、热应激。正常生长过程中，对环境温度有一定的适应区域，即"等热区"。一般鸡的等热区上限温度不大于 27℃，当环境温度大于上限温度时，机体会产生非特异性机体应答反应，此现象称热应激，这时机体为了维持温度恒定，会通过各种途径限制产热，增强散热，出现一系列异常反应，最终由于持续超出等热区上限温度，机体抵制失败，造成生理机能、新陈代谢、免疫机制紊乱导致热衰竭，严重时会引起死亡，给夏季、初秋养鸡业造成很大困扰乃至经济损失。

【临床症状】　鸡群饮水量大幅度增加，食量明显减少，张口呼吸，羽翅外展，趴伏状态，精神沉郁，粪便稀薄带水，肉髯、冠颜色加深发紫。

【病理变化】　胸部肌肉贫血、苍白（彩图 4-8-1）。腺胃呈暗红色，变薄变软（彩图 4-8-2）。肺部充血、瘀血或水肿，颜色明显加深（彩图 4-8-3）。肝脏质脆、肿大、出血。胰脏潮红、水肿、自溶灶（彩图 4-8-4）。卵泡充血、出血（彩图4-8-5）。脑膜充血，脑组织水肿。胸腹腔内温度升高，手触有灼热感，心包膜及心外膜充血、出血（彩图4-8-6），其他组织也见出血或充血。

【预防】 对症治疗，防暑降温。

【良方施治】

1. 中医疗法

方1 白针：针脑后、虎门、膝弯穴。

方2 血针：冠顶、胸脉、翼脉、脚脉等穴点刺放血，急救可用剪刀将冠顶剪断一两个冠齿出血。

方3 取人丹（4~5粒/只），1次内服。

方4 取10滴水或风油精（1~2滴/只），1次喂服。

方5 用酸梅汤加冬瓜水或西瓜水，让病鸡自由饮服或灌服。

方6 甘草3份，薄荷1份，绿豆10份。煎汤，自由饮服。

方7 麦冬、甘草各10克，淡竹叶15克，水煎取汁，与石膏水（生石膏30克，磨水）混合喂鸡，每只鸡每次2~3毫升，连用2~3次。

方8 鸡不食草、马鞭草各半，研末制成丸，成年鸡每次3~5克，青年鸡每次2~3克，雏鸡减半，每天2次。

方9 取藿香100克，蒲公英100克，连翘100克，雄黄30克，明矾30克，薄荷100克，板蓝根100克，苍术50克，龙胆草50克，竹叶100克，甘草20克，粉碎拌料或煎汁饮水，供100只鸡5天用。

方10 茯神散：茯神40克，朱砂10克，雄黄15克，薄荷30克，连翘35克，玄参35克，黄芩30克，共研细末，冲水5升供100只鸡饮用。对于病情严重不能饮用的病鸡，可用注射器打入嗉囊内。

方11 百香散：白扁豆（生）140克，香薷120克，藿香120克，滑石80克，甘草40克，加工成粉剂拌料饲喂。每只成年鸡每天1克，雏鸡酌减。

说明：该法适用于闷热潮湿的天气，预防治疗鸡中暑。

方12 清暑消食散：田基黄、铁线草、金钱草各150克，葫芦茶、岗茶、布渣叶各30克，地龙、积雪草、海金沙、冰糖草、白背叶、地稔各200克。煎汁自饮或拌料饲喂。该方为6000只雏鸡生药用量。

方13 清暑散：葛根140克，薄荷140克，淡竹叶120克，滑石60克，甘草40克，加工成粉剂拌料饲喂。成年鸡每天每只饲喂1克，雏鸡酌减。

　　该方适用于干热天气，预防治疗鸡中暑。

2. 现代疗法

方1　创造良好适宜的饲养环境：可种植一定量的遮阳树木或藤蔓植物，但要注意种植距离，屋顶可加水帘或加盖隔热层，隔除掉部分热量。

方2　加强舍内通风换气：舍内加置排气换气扇，加强舍内空气流通速度，舍内南北窗无雨天尽量完全打开，加置排出不良气体的通道。

方3　合理供应饮水：确保全天充足新鲜饮水，水槽必须干净清洁，水温最少低于舍内温度10℃以上，特别是11：00～15：00，必须保证饮水充足，水要经常更换。

方4　适当降低饲养密度：夏季炎热舍内鸡群密度不宜过大，否则会造成产热多且散热慢，并且会提高舍内温度，减缓舍内空气流通速度，增大舍内气体污浊程度。因此，一定要大小分群，淘出残弱鸡只，保证合理饲养密度。

方5　合理调整日粮：降低日粮中蛋白质的含量，由于蛋白质代谢产生热增耗较多。

方6　增加维生素、电解质和微量元素的添加量。

1）维生素B_6可使高温下鸡代谢和产热不致过高，抑制体温升高，提高饲料转化率，减少应激，还能提高蛋壳的硬度和色度。

2）维生素E可保证细胞调节电解质平衡，维持机体正常机能，增加机体免疫力、抗病力减少应激反应。

3）补充碳酸氢钠。天气炎热时鸡呼吸加速会大量排出二氧化碳，导致二氧化碳减少，pH上升，补充碳酸氢钠，促进机体对营养物质的吸收，提高饲料转化率，同时可减轻中暑症状。

4）添加多种维生素、电解质。发生中暑时，饮水中增加多种维生素或电解质的含量可减少死亡率。天气炎热，饮水量增大，就会有拉水现象，把消化道有益维生素排出，添加多种维生素或电解质会有效补充维生素，减少鸡群的死亡率。

　　避免炎热季节阳光直接射入，最好用深井水供给，避开中午给料，尽量在早晚天气凉爽时给料充足。

第五章

中毒病

一、食盐中毒

饲料中加入适量的食盐可以增进食欲，增强消化机能、促进代谢、保持体液的正常酸碱度，增强体质。若采食过量，则可引起中毒，甚至死亡。

【病因】 总的来说，食盐中毒是由于饲料中食盐添加量过大或大量饲喂含盐量高的鱼粉、饲料，同时饮水不足，即可造成鸡食盐中毒。鸡对食盐的需要量占饲料总量的0.25%~0.5%，以0.37%最为适宜。若采食过量，可引起中毒。多因配料鱼干或鱼粉含盐量过高，食槽清理不及时，底部食盐沉积过多时引起，有时也见于食盐防治啄癖过程中。

【临床症状】 病鸡表现为燥渴而大量饮水和惊慌不安的尖叫。口鼻内有大量的黏液流出，嗉囊软肿，拉水样稀粪。运动失调，时而转圈，时而倒地，步态不稳，呼吸困难，虚脱，抽搐，痉挛，昏睡而死亡。轻微中毒时，表现为口渴，饮水量增加，食欲减少，精神不振，粪便稀薄或呈水样，较少死亡。严重中毒时，病鸡精神沉郁，有强烈的口渴表现，拼命喝水，直到死亡前还喝；口鼻流出黏性分泌物；嗉囊胀大，粪便呈水样，肌肉震颤，两腿无力，行走困难或步态不稳，甚至完全瘫痪；有时还出现神经症状，惊厥，头颈弯曲，胸腹朝天，仰卧挣扎，呼吸困难，衰竭死亡。产蛋鸡中毒时，还表现产蛋量下降和停止。

【病理变化】 剖检可见皮下组织水肿；嗉囊中充满黏性液体，黏膜脱落；食道、腺胃黏膜充血、出血，黏膜脱落或形成伪膜；小肠发生急性卡他性肠炎或出血性肠炎，黏膜红肿、出血；腹水增多；心包积液，心脏出血；血液黏稠，凝固不良；肺脏水肿；肝脏肿大；脑膜血管扩张充血，或者小点出血；肾脏变硬、色浅，肾曲小管和输尿管尿酸盐沉积。

【中兽医辨证】　症见吐泻并作，脘腹疼痛，吐下急迫，烦热口渴，小便短赤，舌苔黄腻，起病急骤。治则当以清热利湿为法。

【预防】　严格控制饲料中食盐的添加量，添加盐粒要细，并且在饲料中搅拌要均匀，平时饲喂干鱼和鱼粉要测定其含盐量，保证给予充足的饮水。若发现可疑食盐中毒时，应立即停止饲喂含盐量多的饲料，改换其他饲料，供给充足新鲜的饮水或5%葡萄糖溶液，也可在饮水中适当添加维生素C。消除病因，适当控制饮水，对症镇静解痉。

【良方施治】

1. 中药疗法

方1　鲜芦根50克，绿豆50克，生石膏30克，天花粉30克，水煎服，为50~80只鸡1天的药量。

方2　栀子（擘）15克，甘草（炙）15克，黄柏30克，以水800毫升煮取300毫升，去渣，分2次温服，为30只鸡1天的药量。

方3　生葛根100克，甘草10克，茶叶20克，加水1500毫升，煮沸0.5小时，过滤去渣，供500只鸡自由饮用。重症拒食鸡，每次灌服5~10毫升，早晚用药2次，至愈。

方4　茶叶100克，葛根500克。加水3000毫升，煎水饮服，供200只病鸡自由饮用。重症拒食鸡，每次灌服5~10毫升，早晚用药2次，至愈。

方5　食醋3~6毫升，成年鸡每只每次灌服量。

方6　萝卜切碎挤汁，成年鸡每只每次灌2~5毫升，每天2次。

注意　　重症拒食鸡，方1每只灌服5~10毫升，早晚连用2次。

2. 西药疗法

当有鸡出现中毒病时，应立即停喂含食盐的饲料和饮水，改换新配饲料，大量供给鸡群清洁的饮水，轻度或中度中毒的鸡可以恢复；严重中毒的鸡群，要适当控制饮水，防止饮水过多促进食盐吸收扩散，实行间断供水。

方1　给病鸡5%的葡萄糖或红糖水以利尿解毒，病情严重者另加

0.3%~0.5%醋酸钾溶液逐只灌服，中毒早期服用植物油缓泻可减轻症状。

方2 胃膜素肽（复合B族维生素）、氟罗沙星分早晚2次饮水，连用3天。

方3 全群鸡每只嗉囊注射5%葡萄糖10毫升给予补液，以防虚脱。

方4 残存的病雏1周内采用5%葡萄糖加适量的维生素C及敌菌净让其自饮。

方5 用葡萄糖酸钙，按雏鸡0.2毫升、成年鸡1毫升，1次肌内注射。

方6 以0.1%高锰酸钾溶液为饮水，或以葡萄糖/白糖与维生素C配成5%的溶液，供病鸡饮用1~2天。

方7 用5%氯化钾注射液，按1千克体重0.2克1次分点皮下注射。或者用鞣酸蛋白（0.2~1.0克/只）1次灌服。

方8 切开嗉囊，反复冲洗。术后喂以30%蔗糖水，每只鸡10~20毫升。

> 对严重病例可采用手术治疗法。应间隔1~2小时有限度地供给淡水，因为一次性大量饮水反而会导致组织严重水肿及脑水肿。急性病例一般难以恢复。

二、高锰酸钾中毒

【**病因**】 由于饮用高浓度或未完全溶解的高锰酸钾液而引起中毒。当高锰酸钾在饮水中的含量达到0.03%时对消化道黏膜就有一定腐蚀性；含量为0.1%时，可引起明显中毒。成年鸡口服高锰酸钾的致死量为1.95克。其作用除损伤黏膜外，还损害肾脏、心脏和神经系统。

【**临床症状**】 中毒后口、舌及咽部黏膜发紫、水肿，呼吸困难，流涎，排白色稀粪，头颈伸展，横卧于地。严重者常于1天内死亡。

【**病理变化**】 口、舌和咽喉黏膜水肿，消化道腐蚀性和出血性病变，严重者嗉囊黏膜大部分脱落。

【**中兽医辨证**】 脘腹疼痛，舌体肿胀，脉快而弱，便血，神昏，呼吸急促，不思饮食。治则以益气救阴、温中和胃为主。

【预防】

1）给鸡饮水消毒时，只能用0.01%～0.02%高锰酸钾溶液，不宜超过0.03%。消毒黏膜、洗涤伤口时，也可用0.01%～0.02%高锰酸钾溶液。消毒皮肤时，宜用0.1%高锰酸钾溶液。

2）用高锰酸钾饮水消毒时，要待其全部溶解后再饮用。

【良方施治】

1. 中药疗法

方1 香砂养胃丸：方中白术补益中气，脾为中土，喜燥而恶湿，醒脾开胃；半夏燥湿健脾；茯苓利水渗湿，健脾补中；又脾主健运，故以香附、木香、陈皮、厚朴、砂仁、豆蔻疏畅气机，兼以化湿，温中，止痛；香附疏肝，解郁；枳实化滞解积；甘草调和诸药，且益气健中。诸药合用，以温中和胃。水丸，每袋9克，供9只鸡食用；9克×10袋。

方2 五味消毒饮：金银花15克，野菊花6克，蒲公英6克，紫花地丁6克，紫背天葵子6克，为40只鸡一次的量。

注意

食欲不佳的病鸡不宜用中药散剂拌料喂服，若有条件应用口服液逐只灌服。

2. 西药疗法

方1 3%过氧化氢溶液10毫升，稀释后冲洗嗉囊，也可用牛奶洗胃。

方2 硫酸镁1～5克，1次内服。

方3 吸氧，给予糖皮质激素，防止继发感染。

方4 5%葡萄糖50毫升×2、生理盐水500毫升×2，静脉注射。

提示

平时严格控制高锰酸钾的用量，使用时需使其全部溶解。

三、碳酸氢钠中毒

【病因】 纠正酸中毒时给予碳酸氢钠过量。

【临床症状】 鸡冠发紫，精神沉郁、羽毛蓬乱；两脚后伸，关节肿大，全身颤抖，口中流涎；粪便水样稀薄，呈白色。

【病理变化】 病鸡肾脏肿大，小叶明显，色浅，表面有雪花状花纹，肾脏切面有散在灰白色区域；心脏、肝脏、脾脏及肠系膜和胸膜表面有白色尿酸盐沉积，呈鱼鳞状。心肌出血，肝脏有出血点、质脆。因碱性刺激而引起严重的嗉囊炎（彩图5-3-1），肠道充血、出血。

【中兽医辨证】 脘腹胀满，不思饮食，肢体沉重，怠惰嗜卧，舌苔白腻而厚，脉缓。治则以湿滞脾胃为主。

【预防】 注意纠正酸中毒时，尽量控制好碳酸氢钠的剂量。

【良方施治】

1. 中药疗法

方1 苍术（去黑皮，捣为粗末，炒黄色）120克，厚朴（去粗皮，涂生姜汁，炙令香熟）90克，陈橘皮（洗净，焙干）60克，甘草（炙黄）30克。水煎，开锅15分钟后加生姜20克、大枣6个，再煎15分钟，弃渣，饮水，以上为100只鸡1天的用量，连用3天。

方2 藿香、厚朴、苍术、陈皮、半夏、甘草各10克。水煎，开锅15分钟后加生姜20克、大枣6个，再煎15分钟，弃渣，饮水，以上为30只成年鸡或150只雏鸡1天的用量，连用3天。

提示

证属湿热者，宜加黄连、黄芩以清热燥湿；属寒湿者，宜加干姜、草豆蔻以温化寒湿；湿盛泄泻者，宜加茯苓、泽泻以利湿止泻。

2. 西药疗法

方1 立即停喂或停饮碳酸氢钠，改自由饮用1%食醋溶液；对不吃不喝的鸡，灌服1%食醋溶液4~5毫升/只。

方2 用鱼肝油粉250克拌500千克饲料，同时每千克饲料再添加500毫克维生素C和30毫克双氢克尿噻，进行辅助治疗。第2天用5%葡萄糖自由饮水。

方3 严重病例在采用洗胃、补液等措施的基础上，应用平胃散和增液汤合方治疗，可提高疗效。

注意

现代应用碳酸氢钠的观点是"宜碱不宜酸"。

四、黄曲霉毒素中毒

【病因】　黄曲霉毒素中毒是常见的鸡采食发霉饲料引起的中毒。玉米、花生、小麦、稻米等粮食作物，如果在收获、加工和储藏过程中处理不当，由于受潮、受热而发霉变质，黄曲霉菌就会大量繁殖，产生黄曲霉毒素。该病是由于鸡采食了被黄曲霉菌、毛霉菌、青霉菌等真菌及其代谢产物污染的饲料而引起的一种中毒病。黄曲霉毒素主要污染粮油及其制品，其中以花生和玉米最易受污染，一般热带及亚热带地区污染较重，食用被黄曲霉毒素污染的食物等可引起中毒。

【临床症状】　临床上以急性或慢性肝中毒、全身性出血、腹水、消化机能障碍和神经症状为特征。多发生于6周龄以内的雏鸡，只要饲料中含有微量黄曲霉毒素就能引起急性中毒。病雏精神萎靡，羽毛松乱，食欲减退，饮欲增加，排血色稀粪。鸡体消瘦，衰弱，贫血，鸡冠苍白。有的出现神经症状，步态不稳，两肢瘫痪，最后心力衰竭而死亡。由于发霉变质的饲料中除黄曲霉菌外，往往还含有其他霉菌，所以4周龄以下的雏鸡常伴有霉菌性肺炎。

青年鸡和成年鸡的饲料中含有黄曲霉毒素等，一般引起慢性中毒。病鸡缺乏活力，食欲不振，生长发育不良，开产推迟，产蛋少，蛋形小，个别鸡的肝脏发生癌变，呈现极度消瘦的恶病质，最后死亡。

早期有胃部不适、腹胀、厌食、呕吐、肠鸣音亢进、一过性发热及黄疸等。严重者2~3周内出现肝脾肿大、肝区疼痛、皮肤黏膜黄染、腹腔积液、下肢水肿、黄疸、血尿等。也可出现心脏扩大、肺水肿、胃肠道出血、昏迷甚至死亡。

最急性病例常无明显症状而突然死亡，病程稍长者表现为精神不振、嗜睡、消瘦、贫血、体弱、冠苍白、腹水、粪便中混有血液、鸣叫、运动失调，甚至严重跛行，死亡前出现抽搐、角弓反张等神经症状。青年鸡和成年鸡一般引起慢性中毒，食欲减退，羽毛松乱，开产期推迟，产蛋减少，蛋小，蛋的孵化率降低。中毒后期出现伸颈张口呼吸，昏睡，最终死亡。

【病理变化】　主要为肝损害所致，出现消化道症状，严重者出现水肿、昏迷以致死亡；长期摄入小剂量的黄曲霉毒素则造成慢性中毒。主要变化为肝脏出现慢性损伤，如肝实质细胞变性、肝硬化等。急性中毒死亡的雏鸡可见肝脏肿大，色泽变浅，呈现黄白色（彩图5-4-1），表面有出血斑，胆囊扩张，肾脏苍白且稍肿大。胸部皮下和肌肉常见出血，常分布白色点状或结节状病灶，心包和腹腔中常有积液，小腿皮下也常有出血点（彩图5-4-2）。有的鸡腺胃肿大。中毒事件在一年以上的，可形成肝癌结节，主要为肝损害所致，出现消化道症状，严重者出现水肿、昏迷以致死亡。

【中兽医辨证】　胃部不适、腹胀、厌食、呕吐、肠鸣音亢进、一过性发热。治则以清热解毒、凉血止痢为主。

【预防】　该病的预防有以下几种方法：

1）坚果、花生、粮食等不要储存太久。使用前打开包装确认有无变质，如果明显发霉，坚决不可食用。

2）防止食物霉变，注意食品的保存期。

3）加工食用食品前用水冲洗，煮熟再食用。

4）加强饲料保管，饲料应储存于干燥通风的环境中，防止饲料发霉。特别是多雨季节，更要注意饲料防霉。

5）饲料库如被黄曲霉毒素污染，应用福尔马林熏蒸或用过氧乙酸喷雾消灭霉菌孢子；对污染的用具、鸡舍、地面，可用20%石灰水消毒。

6）中毒死鸡因器官组织均含毒素，不能食用，应该深埋或烧毁。病鸡的粪便也含有毒素，应彻底清除，集中用漂白粉处理，以防止污染水源和饲料。

7）高温潮湿季节对饲料定期做黄曲霉毒素测定，淘汰超标饲料。

8）挑选霉粒，用石灰水浸泡或碱煮，选用漂白粉、氨气和过氧乙酸等去毒；碾压加水搓洗或冲洗法，碾去含毒素较集中的谷皮和胚部，碾后加3~4倍清水漂洗，使较轻的霉变部浮出水，然后倾出。

【良方施治】

1. 中药疗法

方1　取柴胡70克，黄芩70克，黄芪70克，防风40克，丹参40克，泽泻60克，五味子30克，加水煎服，按每只每天1~2克，饮服，对无法采食和饮水的弱雏，应人工灌服，连用5天。

方2　独活寄生汤加减：独活100克，桑寄生160克，秦艽60克，防风60克，细辛18克，牛膝50克，芍药60克，干地黄50克，当归100克，党参140克，杜仲60克，甘草45克，苍术80克，防己60克，车前子100克，薏苡仁100克，莱菔子250克，加水煎服，按每只每天1~2克生药，饮服，对无法采食和饮水的弱雏，应人工灌服，连用 3 ~ 4 天。

　　饲料要妥善保存，勿出现给予发霉变质的饲料的情况。

2. 西药疗法

　　根本措施是不喂霉变的饲料，平时要加强饲料的保管工作，注意干燥、通风，特别是温暖多雨的谷物收割季节更要注意防霉。饲料仓库若被黄曲霉菌污染，最好用福尔马林熏蒸或用过氧乙酸喷雾，才能杀灭霉菌孢子。凡被毒素污染的用具、鸡舍、地面，用 2% 次氯酸钠消毒。

　　方 1　早期中毒，可催吐、洗胃或导泻，必要时可灌肠，以促进毒素的排出。

　　方 2　对急性中毒，给与大剂量维生素 C 及 B 族维生素、能量合剂、肝泰乐等药物治疗。

　　方 3　应用 25% ~ 30% 葡萄糖注射液加维生素 C 制剂，适量静脉注射。

　　方 4　心脏衰弱病例，皮下注射或肌内注射强心剂（樟脑磺酸钠、安钠咖等）。

　　方 5　用硫酸钠（5 ~ 10 克/只）和硫酸镁（5 克/只）1 次内服，并给予大量饮水。

　　方 6　用 5% 葡萄糖（10 毫升/只）1 次喂服或饮服。注意：对急性中毒鸡有一定的作用。

　　方 7　用制霉菌素 3 万 ~ 4 万单位混于饲料中 1 次喂服，连喂 1 ~ 2 天。

　　方 8　用 0.05% 硫酸铜水溶液清洗料槽，改用新鲜的全价混合饲料，同时用 0.05% 硫酸铜喷雾消毒，每天 1 次，连用 3 天。

　　在饮水或饲料中添加电解质、多种维生素等纠正水电解质紊乱，必要时行血液透析治疗。黄曲霉毒素不易被破坏，加热煮沸不能使毒素分解，所以中毒死鸡、排泄物等要销毁或深埋，坚决不能使用。粪便清扫干净，集中处理，防止二次污染饲料和饮水。

五、磺胺类药物中毒

【病因】 超量或持续服用磺胺类药物引起中毒。在临床上常用的磺胺类药物分为两类：一类是肠溶性的，如磺胺嘧啶（SD）、磺胺二甲嘧啶等；另一类是肠不易吸收的，如磺胺脒、酞磺胺噻唑、琥珀酰磺胺噻唑等。这两类药物中，前一类药物易引起禽急性中毒。

在临床上，西兽医常在治疗原虫（如球虫、隐孢子虫、住白细胞原虫、组织滴虫等）病时使用甲氧嘧啶、二甲基嘧啶、磺胺喹噁啉钠等药物。若持续大量用药，尤其拌入饲料或饮水中不均匀或连续使用时间过长等均易中毒，1月龄以下的雏鸡对磺胺类药物尤其敏感，要特别注意。

1）由于计算失误、称量错误等原因，导致饲料或饮水中含药量太高，引起中毒。

2）药物添加于饲料中服用时，搅拌不均匀，使局部饲料中含药量过高，引起中毒。

3）用药时间过长，导致蓄积中毒。

4）在服用溶解度较低的磺胺类药物，如磺胺噻唑、磺胺嘧啶、磺胺甲基嘧啶、磺胺甲基异噁唑等时，未同时服用等量的碳酸氢钠，造成大量结晶析出，损伤肾脏，引起中毒。

【临床症状】 食欲减退或消失，精神沉郁，贫血，黄疸，血凝时间延长。蛋鸡产蛋明显下降，蛋壳变软、变薄、粗糙，甚至产无壳蛋，有的全身出现出血点。肉仔鸡发病后羽毛松乱，神志抑郁，呆立，食欲减退，饮水量增加，鸡冠苍白，有的头部肿胀瘀血发紫，有的抽搐，翅膀麻痹。表现为厌食、烦渴，羽毛松乱，精神沉郁，鸡冠、头面部及肉髯苍白或青紫，可视黏膜黄疸，生长迟缓或停止，排酱油状或灰白色稀粪，或者蛋清样稀粪，有不同程度的死亡。产蛋鸡产蛋量急剧减少，产软壳蛋，蛋壳薄，表面粗糙，棕色蛋壳褪色。小公鸡用二甲基嘧啶治疗10天后，性成熟提早，表现为鸡冠和肉髯发育加快和睾丸增大。羽毛松乱，不食，虚弱，贫血，黄疸，下痢呈现灰白色，有时粪便呈酱油色，呼吸困难，冠髯青紫，有的鸡出现兴奋、摇头、麻痹等神经症状。若急性中毒，病鸡表现为精神兴奋，食欲锐减或废绝，呼吸急促，腹泻。成年鸡产蛋量急剧下降或停产，后期出现痉挛、麻痹症状。有些鸡因衰竭而死亡。慢性中毒常见于超量用药连续1周时发生，病鸡表现为精神萎靡，饮水增加，冠及肉髯苍白，贫血，头肿大发紫，腹泻，排灰白色稀粪，成年鸡产蛋量明显下降，产软壳蛋或薄壳蛋。

【病理变化】　剖检可见鸡冠、眼睑、面部、肉髯、胸部、腿部出血，肠道黏膜可见点状和斑状出血（彩图 5-5-1），肝脏、脾脏肿大并有出血，颜色变黄。血液凝固不良，皮肤、肌肉、内部脏器广泛出血。胸部和腿部皮肤、冠、髯、颜面和眼睑均有出血斑。胸部和腿部肌肉有点状出血或条状出血。心外膜和心肌有出血点。肝脏肿大，有散在出血点，肝脏黄染。脾脏肿大出血、梗死或坏死。腺胃浆膜和黏膜出血。肌胃角质膜下出血。肠道浆膜和黏膜可见出血点或出血斑，十二指肠到盲肠都可见点状或斑状出血，盲肠中可能含有血液；骨髓呈浅红色或黄色。肾脏肿大，呈土黄色，有出血斑；输尿管变粗，充满白色尿酸盐。

【中兽医辨证】　脾肾两虚，阳气不足，气血不足，外受寒湿之邪，以致气滞血凝，经络阻隔，四肢气血不能濡养。治则以温阳通脉，祛寒化湿为主。

【预防】　该病预防有以下几种方法：

1）发现中毒立即停药，供给充足饮水。

2）低剂量连续用药可减轻毒性，饲料中 0.05%、饮水中 0.025% 对鸡无影响。

3）为防止继续中毒，一旦发现鸡及其他禽类有中毒现象，立即停喂磺胺类药物，然后在饲料中增加 0.5～1.0% 碳酸氢钠或 5% 蔗糖。饲料中同时添加 0.05% 维生素 K，B 族维生素的用量要增加 1 倍。内服适量的维生素 C 以对症治疗出血。一般经过 3～5 天的治疗，大部分患鸡均可恢复正常。还可用生绿豆面加白糖给鸡饮水解毒。

4）对 1 月龄以下的雏鸡和产蛋鸡应避免使用磺胺类药物。

5）应严格掌握各种磺胺类药物的治疗剂量，防止超量，连续用药时间不得超过 5 天。

6）治疗肠道疾病，如球虫病等，应选用肠内吸收率较低的磺胺类药，如复方敌菌净等。

7）搅拌必须混合均匀，同时供给充足的饮水，溶解度较低的磺胺类药配合等量碳酸氢钠同时服用。

8）鸡患有传染性法氏囊病、痛风、肾病理变化型传染性支气管炎、维生素 A 缺乏等损害肾脏疾病时，不宜使用磺胺类药物。

【良方施治】

1. 中药疗法

方1 阳和汤：熟地黄30克，肉桂3克，麻黄2克，鹿角胶9克，黄芪30克，姜炭2克，红花6克，白芥子6克，鸡血藤30克，地龙15克，木瓜18克，甘草3克，水煎服，或共研为末，开水调服。为50只成年鸡或300只雏鸡一次的量补血温阳，散寒通脉。

方2 血府逐瘀汤：桃仁12克，红花6克，当归9克，地黄15克，川芎9克，赤芍15克，牛膝15克，柴胡6克，枳壳6克，延胡索12克，五灵脂15克，鸡血藤30克为50只成年鸡或300只雏鸡一次的量。活血行瘀，理气止痛。治疗跌打损伤及气滞血瘀诸症。

方3 四妙丸加减：苍术12克，黄柏10克，薏苡仁30克，川牛膝30克，茵陈15克，赤小豆12克，赤芍15克，桃仁12克，木瓜9克，丹皮12克，蒲公英15克，砂仁6克，粉碎，按3%的比例拌料，供60只鸡1天使用，连用3～5天。

方4 车前草煮水，加适量小苏打（碳酸氢钠）喂服，同时用甘草水进行一般解毒。取车前草适量，煮水，让病鸡自饮或灌服。该法早期治疗有一定的效果，治疗时加适量小苏打喂服效果更好。

方5 鱼腥草100克，蒲公英、羊乳各60克，筋骨草、桔梗各20克，研磨并混入饲料，可供400只10～20日龄雏鸡使用。

注意　若有条件应用口服液逐只灌服。

2. 西药疗法

方1 立即更换饲料，停用磺胺类药物，供给充足的清洁饮水。

方2 在饮水中加入1%小苏打和5%葡萄糖溶液，连饮3～4天。

方3 每千克饲料中加入5毫克维生素K，喂服连用3～4天。同时加大饲料中维生素K和维生素B的用量，连续数日至症状基本消失。

方4 3%～5%糖水，饮服，不限量。

方5 叶酸注射液，每只鸡0.5～1.0毫升，肌内注射。

方6 发现鸡中毒时，饮用1%～5%碳酸氢钠溶液3～4小时后，改用葡萄糖水。

方7 0.1%硫酸铜溶液或0.5%～1%碘化钾水溶液饮用，或者拌入饲料内喂给。

　　方8　每只鸡可内服1%鞣酸溶液10毫升，再服硫酸钠10克及淀粉等黏浆剂治疗。

> 　　严格控制磺胺类药物的用量。为了防止磺胺类药物中毒，对1月龄以下尤其是3周龄以下的雏鸡，不宜使用磺胺类药物；产蛋鸡如需要使用磺胺类药物，安全性较好的首推泰灭净，从经济上考虑也可用磺胺-5-甲氧嘧啶（磺胺对甲氧嘧啶），其他毒性较高的磺胺类药物慎用；对肾脏肿大的鸡不可使用磺胺类药物，因剂量较大，为减轻毒性，可同时使用小苏打拌料，用量为磺胺类药物的1～2倍，其作用是使血液呈碱性，增高乙酰化物的溶解度，可减轻对肾脏的损害。

六、马杜霉素中毒

　　【病因】　由于马杜霉素价格较低，对球虫病具有良好的预防和治疗作用，使马杜霉素在临床得到广泛的应用。但该药毒性较大，安全范围窄，使用剂量非常接近鸡的中毒量，超量使用易引起鸡中毒。

　　【临床症状】　发病迅速，吃混药饲料后8～16小时即可出现中毒症状。病鸡呆立不动，精神沉郁，羽毛松乱，食欲减退，饮欲增强，软脚蹲伏，驱赶时靠张开两翅着地行走，腿部麻痹，有的瘫痪后单侧或双侧腿向外侧伸展（彩图5-6-1）。严重者歪头斜颈，角弓反张，倒地不起，呼吸喘促，数小时内死亡。病鸡拉稀，粪便中带有黄白色或绿色，后期饮食欲废绝，爪干，昏睡，迅速脱水消瘦，体重急剧下降，部分病鸡有咳嗽、喷嚏等呼吸道症状。

　　【病理变化】　肝脏微肿或不肿大，轻度瘀血，呈暗红色或黑红色。胆囊肿大，充满黑绿色胆汁。心外膜有出血点或出血斑。肾脏多肿大，瘀血，有的可见尿酸盐沉积。腺胃黏膜充血水肿，十二指肠、小肠轻度充血或出血，肠内容物为黏液样物质。心肌出血，胸肌及腿肌有条状、点状出血。法氏囊肿大。

　　【中兽医辨证】　脾胃虚弱，倦怠乏力，心悸气短，咳嗽痰多，脘腹、肢体挛急疼痛。治则以疏风解表为主。

【预防】　马杜霉素对鸡球虫病虽具有良好的防治效果，但其安全范围小。因此，在使用时必须严格按规定量使用，切忌超量用药，并在使用时计算和称量准确，以防引起中毒。

马杜霉素的使用标准量为1000千克饲料添加纯品马杜霉素5克。连续使用的时间不宜太长，产蛋鸡按上述用量使用3天后就会引起中毒，肉仔鸡连续使用7天后要停用3~5天，而且在肉仔鸡上市1周前一定要停用。

【良方施治】

1. 中药疗法

中药绿豆、甘草、车前草等煎水，供中毒鸡自由饮用。绿豆60克，生甘草15克。共研为粗末，纳入热水瓶中，冲入沸水适量，盖焖20~30分钟，为30只雏鸡一次的量。

提示　　若有条件应用口服液逐只灌服。

2. 西药疗法

方1　若发现中毒，要立即停止使用该药或更换饲料，给予5%葡萄糖水及一些含钾、钠离子的电解质，并增添0.01%~0.02%维生素C，对排毒和减轻症状，以及促进康复有一定的作用，特别是可减轻腿疾的发生。

方2　对不能站立和行走的病鸡，可皮下注射5%葡萄糖生理盐水5~10毫升/只，每天1~2次，可收到一定的效果。

方3　在水中加入口服补液盐（含氯化钠3.5克，碳酸氢钠2.5克，氯化钾1.5克，葡萄糖20克），每250克口服补液盐加水15千克，连续饮用2~3天，同时按使用说明每天灌服3~6次水溶性多维素，有一定的疗效。

方4　可灌服25%~50%葡萄糖加维生素C溶液或10%葡萄糖加维生素B_1。

方5　立即停喂拌有马杜霉素的饲料，全群饮5%白糖水，每500克水加维生素C 2片（0.1克/片），饲料中另外再多加50%多维素，重症病鸡灌服白糖水。

注意　　在饮水或饲料中添加电解质、多种维生素等效果更好。严格控制药物用量。

附　录

古代禽医方选介

关于中药的计量单位，在古籍文献中，一般都是以斤、两、钱、分为单位，为了保持原貌，各单位仍照原摘实录，换算成现行法定计量单位，则为：1斤＝500克，1两≈30克，1钱≈3克。

1. 治鸡瘟方（《卫济余编》）

鸡瘟：巴豆数粒，切片喂之，一泻，愈。或巴豆仁捶碎拌米饲之；或用巴豆一粒，研极碎，香油二钱调匀灌下，入口即愈。或用绿豆粉，水和成条，喂数次，愈。

> **注：** 巴豆内服有峻泻作用，有很强的杀虫抗菌能力。巴豆虽非某些急性传染性病的特效药，但尽早应用有一定的疗效，其机理在于巴豆能阻止病毒进入细胞内，提高细胞的免疫功能。不过巴豆有毒，应控制用量，生巴豆仁毒性大，内服时应用压榨去油后的巴豆霜。

绿豆粉清热解毒，消暑利水，止咳和脾，适用于中毒及暑热烦渴，以及霍乱吐泻等症，具有一定的抗菌和抑菌作用。

2. 防鸡病方（《三农纪》、清《花镜》）

若遇瘟，急用白矾、雄黄、甘草为末，拌饭饲之。熏以苍术、赤小豆、皂角、藜芦末。

（竹鸡）饲以小米，或少杂野苏子于内，可经久无病。

（鸡）若有瘟疫者，预用吴茱萸为末，以少许拌干饭中喂之；又以雄黄末拌饭喂之，皆能不病。

> **注**："瘟"是古代对各种急性、热性、死亡率高的疫病的泛称。此处前一个内服方，仍是西药疗法禽鸟痢疾类疫病的基础方，一些防治禽霍乱的中兽医成药制剂，也有的是在该古方基础上加味组成的。后面是熏药方，烧烟熏蒸禽舍及禽体，有避疫及消毒的作用。

野苏子具有清热泻火，清凉利咽的功效。

3. 治鸡病方（《豳风广义》、明《事物绀珠》、清《物理小识》）

（鸡）若已病，以蒜瓣一粒喂之。

鸡若有病，当灌以清油。若传瘟，速磨铁浆水染米与食，即愈。

> **注**：现代药理实验表明，大蒜对多种细菌有较强的杀菌和抑菌作用，应用时宜取新鲜紫皮蒜头，捣烂后以蒜汁及蒜泥喂服。临床证实，大蒜对鸡白痢有一定的疗效。

清油是指花生油或菜籽油加热以后再没用过的油。

铁浆水是取带锈铁块磨细煎水而成，其成分为氧化铁。

《本草纲目》载：磨铁浆，主治癫痫、发热、急黄狂走。该方所指传瘟，不是现代兽医学所指的鸡瘟（新城疫），而是宜用铁锈治疗的急性发作的癫狂之症。

4. 治鸡杂病方（《便民图纂》《农政全书》）

凡鸡杂病，以真麻油灌之，皆立愈。若中蜈蚣毒，则研茱萸解之。

> **注**：在其他古书中也有相似记载，如《三农纪》载："治鸡病，中毒者麻油灌之，或茱萸研末唤。"

《农桑衣食撮要》载："烧柳柴，其烟损鸡；大者目盲，小者多死。有病，灌清油则愈。"

《串雅兽医方》载："治鸡一切病，真麻油灌之。"麻油为食用油的一种，清油泛指食用植物油，皆有润肠导滞的功效，可缓泻积滞，排泄毒物。

茱萸，即吴茱萸，温里药，长于疏肝降逆气，温中和肝胃。与麻油灌服，都有利于胃肠功能的恢复。

5. 治鸡伤寒病方一（《鸡谱》）

冲和丸：羌活、防风、苍术、白芷、川芎、地黄、黄芩、细辛、甘草各等份，共为末，并用生姜汁同枣泥丸之，每丸重一钱，每服一丸。

> **注：**伤寒病证，是指外感风寒表实证。该方具有辛温解表、散寒除湿的功效，适用于鸡风寒感冒初期。

6. 治鸡伤寒病方二（《鸡谱》）

小柴胡丸：柴胡三钱，黄芩一钱，半夏三钱，甘草一钱，共为细末，用生姜汁同大枣泥为丸，重一钱，每服一丸。

> **注：**该方源于人医《伤寒论》中的小柴胡汤，减少了人参一味，大家畜也已移用（人参已用党参代替）。功能和解少阳，用于表现精神短少、食欲不振、寒热往来等症状的半表半里证。对于因外感伤寒，表现为精神沉郁、翼垂毛乍、不欲饮食的病鸡可投该药治疗。

7. 治鸡伤热方（《鸡谱》）

四黄抽薪丸：黄芩五钱（酒炒），栀子五钱（生用），石斛二钱，黄柏三钱（童便炒），枳壳二钱（酒炒），石膏二钱（生用），黄连三钱（生用），生大黄二钱（壮者加，弱者莫用），共为细末，清茶和丸，每丸一钱，每服一丸。

> **注：**鸡伤热为夏季常见病，其症状是：两眼生沫，其头必肿，颈缩尾垂，粪为鹰粪。为火热壅塞之证。其用方可看成是黄连解毒汤之加味，有清热泻火、表里双解的功效，其泻火之力强，犹如釜底抽薪。

8. 治鸡积食方（《鸡谱》）

健脾消食丸：白术五钱（土炒），茯苓五钱，厚朴五钱（姜汁炒），山楂五钱（去子），神曲一两，麦芽三钱，枳壳三钱，青皮三钱，砂仁三钱，甘草五分，共为细末，神曲和为丸，每丸一钱，每服一丸。

> **注：**这是一个消导方。其中山楂、麦芽、神曲，俗称"三仙"，为方中主药；枳壳、厚朴、青皮、砂仁，疏理气机，宽中除满，为辅药；白术健脾燥湿，茯苓渗湿健脾，以助消化，共为佐药；甘草调和诸药，为使药。诸药合用，共奏消食导积之功。

9. 治鸡痰喘方（《鸡谱》）

寒症发散丸：苏叶三钱，前胡三钱（醋炒），枳壳三钱，半夏五钱（姜炒），橘红三钱，桔梗三钱，葛根三钱，甘草五分（姜炒），共研末为丸，每丸一钱，每服一丸。

> **注：**该方适用于外感风寒引起的痰喘。全方具有发散风寒、理气、止咳、化痰、平喘的功效。现代防治鸡咳喘性病症的方剂即是在该方基础上加减的。

10. 治鸡痘方（《鸡谱》）

败毒和中散：连翘一钱（去心），牛蒡子一钱（炒），黄连七分（酒炒），枳壳七分，桔梗七分，紫草四分，甘草四分，蝉蜕七个，川芎四分，麦冬八分，木通五分，前胡五分，生麻五分，共为细末，水丸，每丸重一钱，每服一丸。

> **注：**鸡痘是由鸡痘病毒引起的一种高度传染性疫病，表现在冠、肉髯和眼皮等处，生成一种疣肉状的痘子。还有一种是白喉型或咽喉型的鸡痘，它的特征是在口腔和咽喉部生成一层灰白色的豆腐渣样的薄膜，覆盖在黏膜上面，很像人的白喉。

目前防治鸡痘的有效方法是接种鸡痘疫苗。该方具有清热解毒、宽胸理气的功效，鸡痘初期可以使用。

11. 饲鸡不抱方（《豳风广义》《农政全书》）

欲鸡不罩窠，于下卵时，食内加麻子喂之，则常生卵不抱。若有抱而不起者，冷水中猛淹之，则不迷其抱。

> **注：**鸡抱窝，又叫罩窠、赖抱、迷抱，是地方鸡种孵化的一种生理现象。用于产蛋的鸡，抱窝时会减少产蛋量。

本方介绍了在鸡饲料内添加麻子（芝麻子），可促进鸡产蛋，也介绍了促进迷抱鸡醒抱的一种刺激方法。

12. 治鸡水眼方（《串雅兽医方》）

白矾敷之。

注：鸡水眼，为鸡眼生白膜，遮蔽眼睛，故名水眼。又有人认为"水眼即鸡痘"。白矾，又叫明矾，煅后名枯矾。白矾（水液）酸寒收涩，止泻止血；枯矾（粉末）燥湿止痒。为外科常用药。

13. 治鸡哮方（《串雅兽医方》）

芒硝一小块，如指大，灌之即愈。

注：鸡哮，即鸡张口呼吸，喘声粗而音高，指表现为呼吸困难一类的疾病。芒硝咸寒，长于攻坚泄热。由于肺与大肠相表里，用芒硝攻泄里热，对急性肺热致喘者，有"釜底抽薪"之妙，故可缓解哮喘。

14. 治鸡癣病方（《鸡谱》）

治癣方：猪脂油四两，蜗牛二两，川椒二两，硫黄一两，黄连三钱。先将猪脂油炼出，将蜗牛入油内熬黄色；次下川椒同熬，去渣。次将黄连、硫黄为极细末，待油冷定，再入油内调成膏。治疗时，先刷去白屑见血津为度，然后将药膏搽之，二三次即愈。

注：鸡癣是由体外寄生虫螨（又叫疥癣虫）寄生于鸡体表所引起的一种体外寄生虫病，对鸡群能引起严重的损害。该方中的硫黄、川椒都有杀虫的作用，和以猪脂油等有保护和润滑皮肤的作用。蜗牛在其他灭疥方中少见，其肉和壳甘寒无毒，古书记载它有治风虫癣疮之效用。

15. 治鸡劳伤方（《鸡谱》）

加减驻龙百补丸：当归三钱（酒洗），地黄三钱（酒洗），熟地三钱，菟丝子三钱，天冬二钱（去心），麦冬二钱（去心），枸杞子三钱，白茯苓三钱，山茱萸三钱（酒浸），山药三钱（炒），人参三钱，鹿角胶三钱，蛤粉（炒珠），五味子一钱，柏子仁一钱（炒），牛膝三钱（酒浸），杜仲三钱（姜炒），共为细末，蜜丸，每丸一钱，每服一丸。

注：该方可看成是鸡的十全大补丸，气血阴阳俱补，并有活血化瘀、舒筋强骨的功效。其中人参可用党参代替。

鸡劳伤表现"冠瘦，腿脚枯干，饮食日减，精神疲倦，目少神光，不鸣、不浴，懒行懒动"。多见于短期内频繁角斗的斗鸡或交媾无度的公鸡。该方以补养药物为主，具有益气、补血、滋阴、助阳的功效。

16. 治鸡嗉囊阻塞法（《鸡谱》）

用小刀将嗉割破，去净难化恶物，再用小针细衣线将切口缝上，以盐醋和泥，密其缝处，即愈。

> **注：** 这是我国兽医史上有关"嗉囊切口术"的首次记载，现在仍是治疗某些硬嗉病及排除误食的有毒物质的重要手段。

17. 治鸡干膝疮方（《鸡谱》）

铜青、铁锈各等份，共为细末，用滴醋调敷患处。

> **注：** 膝疮是鸡的一种外科病，臕肥身大的鸡多患，有干、湿之分，宜早治。该方中的铜青即铜绿，与铁锈同为主治恶疮之药。

18. 治鸡湿膝疮方（《鸡谱》）

生肌红玉膏：白芷二钱半，归身一两，血竭二钱，轻粉二钱，白占一两，紫草一钱。取麻油半斤，将当归、紫草、白芷先浸入油内三日，用大铁勺漫火熬之俟药色微枯，用细绢滤渣。将清油复入锅内煎滚，下整血竭，候化尽，次下白占，微火化开。用茶钟四个将药分作四处候冷，冷时将轻粉研极细，照分投钟内，调敷患处。

> **注：** 该方源于人医《外科正宗》生肌玉红膏，但缺甘草一味。该药膏具有解毒消肿、止痛生肌的功能，主治疮疡溃烂、腐肉不脱、新肌难生，故对鸡久不收口的湿膝疮有效。

19. 治鸡瘭肿法（《鸡谱》）

待其患自干收聚一处，内硬结实，方可用刀割开一孔，取出内瘭，即愈。

> **注：** 鸡身上生瘭，也同家畜发生瘭症一样，是受到外因（热积）和内因（气壮）的影响后，致使血液循环失调，气血积于肌腠而发瘭症。表现为某处皮下、肌肉或骨体上突然或逐渐发生显著的肿胀（或气，或水，或血）。根据生瘭的部位而有脑瘭、项瘭、口瘭、口角瘭、耳瘭、胸瘭、翅瘭、肘瘭、嗉瘭、嗓瘭之分。在《鸡谱》中介绍的瘭症治法，除胸瘭、耳瘭、嗓瘭的治法稍有不同外，其他瘭的治法都可用该法。这是一种简便有效的治法，在实施时应配合消毒清洗等措施。

20. 治胸瘰法《鸡谱》

不可用刀剖之，将马尾三五根，穿其瘰系于胸下，其瘰自消耳。

> **注**：此乃一种吊瘰法，除用马尾草外，还可用棕丝（在棕丝上可蘸少量蟾酥末）等穿吊。其目的是人为引起炎肿，促使瘰水渗滴、瘰症消退。

21. 治耳瘰方《鸡谱》

白矾、黄连二者平对为末，系之，敷之，即愈。

> **注**：这是一个外敷方。白矾敛疮生肌，黄连清热燥湿，外敷用于瘰肿破溃者。

22. 治鸡嗓瘰方《鸡谱》

以冰硼散吹之，内服凉膈散，即愈。

冰硼散：冰片五分，朱砂六分，玄明粉五分，硼砂五钱，共为细末，用少许吹患处。

凉膈散：防风一钱，荆芥一钱，桔梗一钱，山枝一钱，玄参一钱，石膏一钱，薄荷一钱，黄连一钱，贝母一钱，大黄一钱，天花粉一钱，牛蒡子一钱，共为细末，水丸，每丸一钱。

> **注**：冰硼散源于中医《外科正宗》，有清热解毒、消肿止痛的功效，主要适用于口、舌、咽喉之疮疡肿痛诸证，对位于咽喉处的嗓瘰同样适用。

热积气壮则蓄而为瘰，服用泻火通便、消上泻下的凉膈散，则是治本之法。

23. 治鸡脚疔（脚趾脓肿）法（《鸡谱》）

若见微肿，不待其破，速栅取之出土，另垫新土使立于上，则脚不伤。或养于幽僻之处，则渐消而自愈矣；若破者，用温水洗净，小刀修去硬皮，不可出血，用棉花做一小褥垫之，以棉线缝于脚上，勿令足心着硬地。三五日一换，不过十次即愈。

> **注**：脚趾脓肿，俗称"趾瘤病"。斗鸡若患此症，是很严重的，若不治疗则成为废鸡。以上护理治疗方法是有其道理的。

24. 治鸡胃虫方（《农政全书》）

治斗鸡病，以雄黄末拌饭饲之，可除去胃虫。

25. 治鸡虱方（《农学录》）

以煤油擦鸡全身，或以烟灰撒置鸡栖之内。

> **注：** 民间用煤油涂擦鸡体以灭除鸡的羽虱，效果显著。烟灰则为灶膛里的烟灰和烧柴草的灰分，分别含有碳素与碳酸钾，用它撒至鸡栖息处或运动场的沙地上，可以更好地消毒，并行砂浴而灭虱。

26. 治雏鸡痴迷方（《农学录》）

鸡雏时痴迷，以鼠粪浸菜油中二三粒，取出饲之即愈。

> **注：** 雏鸡痴迷之证，是指出壳后绒毛阶段的雏鸡，行动痴呆，常打瞌睡，并见嗉囊积食或胀气，其发生与营养和消化不良有关。
>
> 用家鼠屎浸植物油，可取之饲雏而治疗。这也许与老鼠偷吃多种食料和腐物，在机体内经过复杂的生化过程，所排粪中含有多种酶与维生素及胆汁、溶菌素等有关。

27. 治鸡瘦方（《串雅兽医方》）

土硫黄研细，拌食，则肥。

> **注：** 鸡瘦，原因很多，或营养缺乏，或病虫为害。用土硫黄研细拌食喂鸡，至少可起三种作用：一是硫在鸡肠里形成硫化物可被吸收，而硫为含硫氨基酸、维生素硫胺素和生物素的组成部分，对提高物质代谢、激活蛋白质的合成都有重要作用；二是硫内服在肠中所形成的硫化氢、硫化钾，能刺激肠管，促进蠕动，软化粪便，因而有通便和助消化的作用；三是杀虫作用，如用硫黄粉拌于饲料内，治疗量为饲料量的2%，预防量为饲料量的1%，连喂2～3次，可用于防治鸡球虫病。但硫黄为有毒之品，内服不能过量，次数也不能过多，一般每只每次0.5～1.0克即可。中兽医认为硫黄大热纯阳，外用杀虫灭疥，内服能补命门之火。

28. 治鸡鹅鸭疫病方（《华佗神方》）

治鸡鹅鸭疫病法，即将其左翅上黑筋一条，以针刺去黑血，以米和油饲即愈。

> **注：** 此乃一种针刺放血治禽病法。所指针刺部位就是翼脉穴，扎刺时用缝针沿着经脉来路平稳而准确地入针（右翅也可同样扎之），以泄出瘀血为度。该穴有行血脉、解暑热之功，主治热性病、中暑、中毒等症，是禽的最重要的血针穴位。针后饲以米拌油，可以加强营养，促使提早康复。

参 考 文 献

[1] 胡元亮. 中兽医学 [M]. 北京：科学出版社，2013.

[2] 胡元亮. 新编中兽医验方与妙用 [M]. 北京：化学工业出版社，2009.

[3] 陈玉库，邢玉娟，陆桂平. 禽病中西兽医防治技术 [M]. 北京：中国农业出版社，2012.

[4] 蒋立辉. 禽病中西医高效诊治术 [M]. 南宁：广西科学技术出版社，2006.

[5] 张泉鑫，朱印生. 畜禽疾病中西医防治大全：禽病 [M]. 北京：中国农业出版社，2007.

[6] 李贵兴. 中西结合防治禽病 [M]. 济南：山东科学技术出版社，2013.

[7] 张国增. 中兽医防治禽病 [M]. 北京：中国农业出版社，2013.

[8] 赵建平. 兽用中药方剂精编 [M]. 郑州：中原农民出版社，2011.

[9] 王新华. 鸡病类症鉴别诊断彩色图谱 [M]. 北京：中国农业出版社，2009.

[10] 高齐瑜，郑厚旌，孙艳铮，等. 鸡病诊断与防治原色图谱 [M]. 郑州：河南科学技术出版社，2004.

[11] 刁有祥. 简明鸡病诊断与防治原色图谱 [M]. 北京：化学工业出版社，2009.

[12] 孙卫东. 土法良方治鸡病 [M]. 北京：化学工业出版社，2010.

[13] 李富言，戴永海. 中兽医专家谈禽病 [M]. 北京：中国农业出版社，2014.

[14] 张贵林. 禽病中草药防治技术 [M]. 北京：金盾出版社，1998.